青蓝绿梦书系

精品阅读

低眉俯首阅草木

DIMEI FUSHOU YUECAOMU

祁云枝◎著&绘

西安出版社

图书在版编目（CIP）数据

低眉俯首阅草木 / 祁云枝著. -- 西安： 西安出版
社，2019.3（2022.6重印）
ISBN 978-7-5541-3722-2

Ⅰ. ①低… Ⅱ. ①祁… Ⅲ. ①植物学－文集
Ⅳ. ①Q94-53

中国版本图书馆 CIP 数据核字 (2019) 第 040209 号

低眉俯首阅草木

出 版 人：屈炳耀	
责任编辑：李亚利	
出版发行：西安出版社	
社　　址：西安市长安北路 56 号	
电　　话：（029）85264255	
邮政编码：710061	
印　　刷：三河市嵩川印刷有限公司	
开　　本：787mm×1092mm　1/16	
印　　张：16	
字　　数：260 千	
版　　次：2019 年 3 月第 1 版	
2022 年 6 月第 2 次印刷	
书　　号：ISBN 978-7-5541-3722-2	
定　　价：58.00 元	

描枝入画文绘植物精灵

题 记

爱花，也爱画，

最爱之事，是以花入画；

写字，也折枝，

最幸之事，是以字描枝。

——果壳网

　　祁云枝用专业知识、美文和漫画，加以人文学者的态度，向我们展现了多种植物奇妙的生存智慧。这本书不仅有植物学研究的深度，也有向读者普及植物学知识的普适性，还通过抒情散文的笔法和幽默漫画来多角度诠释植物。手绘的漫画，或温馨，或幽默，或直观，翻阅之时灵感流动，一草一木皆有了精彩的生命和思想。书中拟人化的叙述，语言生动、调皮，引人入胜……这将是一本引导现代人了解植物，爱上植物，并经由一株株植物抚慰心灵，感受大千世界的优秀图书。阅读这样的文字和漫画，不能不说是一种享受。

中国科学院院士

中国植物学会名誉理事长

植物根茎熬制的鸡汤　　白忠德

先阅读祁云枝的植物散文作品，再慕名结识其人。云枝散文有三个特点：一是科普的专业性；二是美文的人文性；三是漫画的趣味性。她的散文语言精练、生动、活泼，漫画总能给人以启示和思考，那是一种艺术的美的力量。

这三个特点共同烘托出云枝散文的一个最大特点，那便是她通过表现人与植物的亲密关系，唤起人对植物的热爱，对自然的尊重与保护，明白了这个，我们便能清楚云枝散文的灵魂之所在。

白忠德，西安财经学院副教授、陕西省大秦岭文化艺术研究中心研究员、陕西省作协和西安市文联签约作家，出版散文集《摘朵迎春花送你》《回望农民》《佛坪等你来》《我的秦岭邻居》《斯世佛坪》，荣获第七届冰心散文奖、呀诺达生态文学奖提名奖、陕西省作协年度文学奖、陕西省社科界优秀科普作品奖，有文学作品入选人教版初中语文辅导教材多种版本。

花草意境中的人生哲思　　常晓军

祁云枝的植物散文，充满了自然的情趣和人性的可爱，有着向上的动人力量。

读祁云枝的植物科普美文，可以感受到作者对花草世界的谙熟，以及从生活角度对生命的思考和鉴赏。她借助花草来阐释自己对人生、社会的独特认知。从某种意义上来说，这些花草是散发着气味、有声音、富于想象的神奇生命。祁云枝这种独特体验下对生命的思索和心灵的震撼延续成多彩的世界，让读者在自然色彩与现实生活的观瞻下，不断领略诗意与美感的植物世界，感受花草散文的独特魅力。

常晓军，副教授，陕西文学院签约作家，出版文学评论集《一个人的行走》，散文集《行走红河谷》等，第六届冰心散文奖获得者。

我听到了花开的声音　　杨广虎

"人非草木，孰能无情？"这是我们经常说的一句话。知识渊博，勤于梳理，对植物有独特观察和体悟的祁云枝通过自己的笔触，改变了人们对植物认识上的一些偏见，具有时代的正能量，不时唤醒我们对植物的关注，对大自然的关心和保护……

祁云枝的美文，形神和谐，启智启美，让整个世界听到了花儿内心的声音。这种天籁之音，简洁、安静、辽远、深邃，富有诗意、哲学和智慧，让人一生难以忘怀……

杨广虎，中国作家协会会员、中国诗歌学会会员、中国散文学会会员，第三届陕西省作家协会签约作家，著有个人作品集多部，曾获西安文学奖、中华宝石文学奖、陕西文艺评论奖、第五届冰心散文奖理论奖等。

用文字"种"出的植物　　朱敏

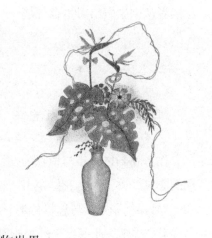

祁云枝把世间的植物用最温情的文字敲击在键盘上，又用一支具有灵性的画笔在绘板上倾情演绎它们的模样。

因为了解而深爱，因为懂得而相知，这本是朋友之间的默契。但在祁云枝的世界里，她和植物早已是相知相伴相惜相恋的知己好友。她用一双温柔的慧眼发现每株植物独到的美，她赋予它们性格与气质，她揭开它们神秘的面纱，她带我们走进一个丰富多彩的植物世界。

朱敏，中国少数民族作家学会会员、西安市作家协会会员、宁夏作家协会会员，出版散文集《你配得上世上的一切美好》。

素心问道　　王朝群

祁云枝的文字是沾染了花草之香的，每篇文章都有着不同的韵味，或故事引入，或开门见山，或联系生活，或启发哲思。

"一花一世界，一树一菩提。"万物原是那样纯良、美善、智慧，只是我们没有懂其而已。借着祁云枝的文字和漫画，净化自己，学会了与世界坦诚相处。

王朝群，《华商报》首批专栏写手，致力于少儿小说、童话创作。散文入选《中国最美散文》，童话入选《陕西文学年选·童话卷》，小说《奔跑的少年》荣获 2012 年冰心少儿新作奖。

像植物一样生活　　　赵侠

作者把多年对植物的研究、观察与感悟，用文学化的语言，配以亲手绘制的漫画，让我们感受到了生命的美好。

作者用博大的爱心和严谨科学的态度，勾勒出有着人性美和哲学美的花草，让读者从中生发出对生存环境、对自然、对生命的热爱，唤起对真善美的追求。

赵侠，《中国绿色时报》陕西记者站记者，《美丽陕西》编辑。

用心倾听植物的声音　　　汪翠萍

作者祁云枝多年与植物为友，拥有敬畏植物的心、懂得草木的眼睛和善解花意的心灵，善于用生花妙笔书写植物的喜怒哀乐、思想灵魂。

"妙手绣华章，巧思得佳趣。灼灼云枝净，光光草露团。"植物多情，云枝著书，书亦多情，此书读来轻松幽默，书中奇思妙想俯拾皆是，读罢回味悠长，足堪为读者之良伴。

汪翠萍，女，文学博士，长安大学文学艺术与传播学院教师，曾有文章发表于《思想战线》《小说评论》《科技导报》《学术探索》等期刊，主持国家社会科学基金等项目。

云在枝头树在园　　舒敏

如果让我用最简练的语言阐述
祁云枝的创作，我觉得是四个字
——诗情画意。所谓诗情，是作者
在写作的过程中，把植物当人看，
所以植物也就跟人一样有生老病
死，有聪明狡黠，有恋爱嫁娶，亦
有七情六欲，充满了人间烟火；所
谓画意，是整本书里每一篇文章都
有灵性曼妙的原创漫画配图，皆祁

云枝亲绘。祁云枝运用像泉水一样叮咚作响的轻灵文字，巧妙地将极其专业的植
物知识，以美丽活泼的文字形式通俗地讲给了读者。

"

舒敏，中国作家协会会员，西安市雁塔区作协副主席，供职于陕西师范大
学出版总社，出版有个人散文集《独自呢喃的树》《梦里乡愁》。

云枝的花花世界　　王亚凤

爱上植物，钻进植物的世界，祁云枝便成为植物的代言人。有些特质，植物
们不屑于告诉我们，却会特意展示给她看，由她翻译，由她解说。云枝的植物漫
画写实、逼真，细致得近乎工笔。画如其人，她将科学家的严谨，艺术家的浪
漫，女儿家的水晶玻璃心，完美地糅合在一起，惟妙惟肖地独创出一方属于祁云
枝个人风格的植物智慧漫画世界。是啊，谁赋予了她第三只眼，看到那许多隐身
其后的深厚秘密。植物有灵魂，怕是对她又爱又恨吧？

"

王亚凤（笔名马铃薯），陕西省作家协会会员、陕西省散文学会会员，陕西
麦田书院文史委员会专家，出版有散文合集《隔着旧时光》，个人散文集《原野
的风》。

目 录

第二辑

生存的哲学

CONTENTS

第四辑　动植物义结金兰

CONTENTS

01

第一辑
聆听草木心语

忍冬，爱是恒久忍耐

当我写下"忍冬"两个字的时候，眼前翩跹着金银花黄白相间的清爽。

金银花是忍冬的另一个名字。叫"金银花"似乎太直白，而且还带着点俗气。我更喜欢叫它"忍冬"，它平凡、坚强、内敛、隐忍，有种强大的内力，叫人不敢轻视。

忍冬不起眼的藤蔓和茎叶，随处可见地生长在北方低矮的院墙、崖畔、河坡和篱笆上，以致当忍冬不开花的时候，我往往无视它的存在。直到暮春，从那相对而生的小叶间，绽开一对对小花，先白后黄，天地间便飘出好闻的香气。循着这香气，我会长久地驻足忍冬，静观忍冬花清雅的面容，任清冽的花香涤荡我胸中的烦躁或郁闷。

大概是它可以忍受零下22℃的低温而不死吧，才有人赋予它"忍冬"这个让人惊讶的名字——一个"忍"字，凝结了多少辛酸和生之不易！忍受冬天，该拥有多大的气魄！能将整整一个寒冬都忍过的生命，还有什么过不去的坎？

能够忍受零下22℃的低温，在植物中的确少见。我不知道忍冬纤弱的生命用什么本钱抵御严寒，当冬去春来，金银花枝叶间举出无数白白黄黄的花儿时，我知道，它又一次战胜了自己，战胜了严寒，成为我励志的标本。

记得《金粉世家》的作者张恨水说：金银花的名字虽有几分俗气，可是当你认识了金银花之后，你一定会觉得它的"花意甚雅"……呵呵，终于有文人雅士肯为金银花说几句了。不过，我不知道张先生所说的这"雅"，是指忍冬花的外形色泽，还是指它能够忍受严冬，抑或是指忍冬用花蕾、花瓣为人类疗疾？

除过精神层面，忍冬，的确还会从物质方面显示出大爱——花、藤入药，花蕾做茶，生津止渴，祛风散热。

从南北朝时期的《名医别录》开始，有了忍冬治病的记载。宋代，忍冬的名声，因《墨庄漫录》中写了生吃忍冬，救活几个中毒和尚的轶事而日渐显赫。到了清代，忍冬来了个华丽转身："以花入茶饮之，茶肆以新贩到金银花为贵"……

忍冬，如果会思想的话，对于自己历经寒冬，开出的花却成为人类的药和茶，会怎么想呢？起初，也是有点愤愤然吧——你们拿走我辛辛苦苦长出来的花蕾和花，没

了种子我岂不是要断子绝孙了？但渐渐地，忍冬发现自己的家族，因为有了人类的需求，日益庞大，突然间壮大无数倍后，它释然了。

开花的目的，不就是想繁育更多的后代么，现在，借助于人类的嘴巴和双手，自己只管开花，甚至都不用考虑如何让种子走得更远啦。

想到这些，原本皮实的忍冬更加意志坚定、充满希冀地忍受寒冬，将花蕾、花瓣甚至是花藤，毫不吝啬地交予人类，并且几乎无所欲求——在人家的篱笆院落、路边石旁，一捧土，一杯水，就可以开出一树繁花，活得恣意而尽兴。

书里讲忍冬的花语是"爱的奉献"。忍冬，也让我想起了《圣经·哥林多前书》中的一句话："爱是恒久忍耐，又有恩慈……凡事包容，凡事相信，凡事盼望，凡事忍耐……"

这点，忍冬做到了。可是我，在很多时候，做不到忍冬的"恒久忍耐"，于是，我只好对着院子里篱笆上的一株忍冬，深深地弯下腰去。

香椿，事不过三

香椿是一种独特的植物，喜欢和不喜欢香椿的理由，皆与它那独特的气味有关。

在喜欢的人眼里，香椿的味道是清香，是醇香，是"香风惊艳，簇簇嫩，枝头灿烂"，直呼香椿为香芽儿，凉拌热炒来者不拒，整个一副饕餮的嘴脸。不喜欢的人呢，大概连它的味道想都不要想。有人曾发过这样的一条微博：香椿对这个世界究竟有多大怨恨，居然散发出这么鬼畜催呕的气息？

我女儿就不喜欢吃香椿，她说香椿炒鸡蛋里有股臭屁虫的味儿，她说这句话时的动作和表情，让作为香椿粉丝的我，瞬间失去了对香椿的狂热。

香椿，大约希望所有的人都不喜欢它吧，对于人类送自己的外号"树上熟菜"，肯定也是深恶痛绝的。

原产于中国的香椿，没有想到，在两千多年前的汉代，作为高大乔木的自己，是以蔬菜的身份与荔枝齐名成为贡品，也没想到世界上唯一食用香椿芽的国家，竟是自己的故乡。

香椿没想到的事情多啦。

起初，香椿像个高深莫测的化学家，一股脑儿鼓捣出三四十种挥发油、酯、醇、酚、酮类物质，以及硝酸盐、亚硝酸盐等化学成分，添加在自己的枝叶里,其目的是要警告食草动物和昆虫——这里是禁食区,最好离我远点!

出乎香椿的预料,人类,准确地说,是一部分人,却迷恋上这种奇怪的味道。再高的香椿树,也难不倒一张张垂涎的嘴巴,借助工具,手脚并用,将香椿孕育了整个冬天的嫩芽,撕扯下来据为己有。

一些人,甚至别出心裁地登上梯子,给自己枝头的一簇簇叶蕾,扣上一枚枚鸡蛋壳,光秃秃的枝头仿佛戴上了一顶顶小白帽,又似结了一个个的鸡蛋,远远看去,像马戏团的小丑一样好笑。末了,人们会将"蛋"采收,一一磕开蛋壳后,里面即露出黄绿色、紧紧拥抱在一起的鸡蛋型的嫩芽和嫩叶——说是这样的香椿,口感特别棒……

台湾作家张晓风的散文《香椿》,开头是这样写的:"香椿芽刚冒上来的时候,是暗红色,仿佛可以看见一股地液喷上来,把每片嫩叶都充了血。"读到这里,我对作家细致的观察力和描述能力佩服得五体投地。嗯嗯,接着看吧:"我把主干拉弯,那树忍着;我把枝干扯低,那树忍着;我把树芽采下,那树默无一语。我撇下树回头走了,那树的伤痕上也自己努力结了疤,并且再长新芽,以供我下次攀摘……"我不明白了,作家这样写是想表达对香椿树忍耐力和博爱的尊敬,还是在说人类的自私自利呢?

当人们变换花样再三攀折香椿,并自以为在"咬春""嚼春""吞春"的时候,有谁真正站在香椿的立场上想过,谁又懂得香椿的苦与痛?

接连受伤的香椿,不得不琢磨对策。香椿做的第一件事情,是让自己的青春期变得非常短暂,不几日,原本鲜嫩的香椿芽,就变得粗枝大叶,粗糙不堪。

第一次被人掐掉后,好脾气的香椿会长出二茬,但品质明显比头茬差一截,叶肉也显得赢弱许多。如果这时还有人觉得不过瘾,再次掐掉的话,第三次香椿树萌发出的嫩叶,已经难以下咽了——叶脉发柴,木质纤维粗糙,嚼都嚼不烂。

当香椿第三次长出嫩芽时,时令已经进入夏天。如果这个时候还有人不懂得香椿树的"语言",管不住自己嘴巴的话,香椿树会以"死"抗争——发蔫,然后死给你看!

看来,香椿也知道春秋战国时期"一鼓作气,再而衰,三而竭"的典故。

香椿的做法,正应了这句俗语:"有再一再二,没有再三再四。"

人世间的事情,亦大抵如此。

萱草忘忧

晚上，去外面吃饭，朋友点了一份汤说，咱们来一份忘忧汤，把现实里的不愉快全部忘掉吧。

嗯？忘忧汤，这名字好有诱惑力。

及至汤盆上桌，一看，不禁哑然失笑，同时也暗暗佩服饭店主人的精明。

这忘忧汤的主料，是黄花菜。黄花菜在植物学中，属于萱草的一种。萱草的品种很多，大多入眼不入口。而萱草，在《诗经》中有个好听的名字叫"谖草"，"谖"是"忘却"的意思，因而萱草有"忘忧草"之名。

呵呵，这家店主将黄花菜汤冠名"忘忧汤"，绕了多大一个弯啊，而且还偷换了概念。但这并没有妨碍到谁，甚至因给朋友解释这汤名，两个人哈哈大笑一番，俨然已经忘却了尘世间的烦恼。

一种我们司空见惯的蔬菜，在某一天，突然披了件好看的"衣服"，以另一种"身份"出现，于平淡无味的生活，就是一份让人惊喜的"作料"。

第一次得知萱草能够忘忧，是在白居易的诗里："杜康能解闷，萱草能忘忧。"当时职业病般地想肯定是萱草中的某种化学物质，有解郁化忧的功能，但是遍查资料，也没查出个所以然。倒是追根溯源，查到《诗经·卫风·伯兮》一诗中"焉得谖草？言树之背"这一句，看注释时才恍然大悟。

一位思念远征丈夫的妇人，头发乱了也没心思梳理，更没有心思涂脂抹粉——我打扮给谁看呢？……当相思成疾，妇人自心底一声叹息："焉得谖草？言树之背。"——我要到哪里去找得一株萱草呢？把它种在北屋的堂前，好让我忘掉这一切！

原来，妇人想依靠种植萱草时的忙碌，心为物移，忘掉对夫君的思念和忧愁——这该是萱草忘忧能力的正解，与心理学有关，与化学无关。

"萱草生堂阶，游子行天涯。"在孟郊的这两句诗里，萱草也为"忘忧"代言。孩子临出发前种在母亲院落里金灿灿的萱草花，就是母亲日日堂前的安慰——天天有花开，日日有菜采。忙碌之间，母亲也就忘了思念之苦，忘却忧愁……

相比之下，我更喜欢萱草的另一个名字——疗愁。

疗愁一词，渗入了积极和主动的成分，一扫"忘忧"的阴霾，听起来不再那么消极和避世。人活着，就该积极主动一些，为自己，也为相爱的人。

萱草开花，其实挺有深意。具体到每一朵花，都是朝开暮落——凌晨开放，日暮闭合，午夜萎谢，只有一天的美丽。单看这 daylily（一日百合），让人伤感，有匆匆易逝的况味，仿佛转瞬少年老，心底落满尘埃。然而纵观全株，却可以看到一场美丽的接力。一枝花茎上二三十朵花骨朵，每天都是你方唱罢我登场。如此这般，轰轰烈烈的花期，竟然可以持续整个夏天，整个夏天的心情，自然也是舒爽的。

萱草的叶片细细长长，一丛丛生长在基部，有着兰草的雅致。一支支花茎从叶丛里抽出，高高举出橘红和橙黄的花朵，在堂前，在庭院，坦然自若地绽放。

萱草的碧叶丹花，适合生长在诗词典故里。

当然，我更希望它绽放在思念者的心头——放下忧愁，快乐无忧！

拜倒在石榴裙下

五月，红艳艳的石榴花，大概最能引发诗人的雅兴。

石榴花像什么？诗人杜牧说："一朵佳人玉钗上，只疑烧却翠云鬟。"对此，元稹有不同看法，明明是"风翻一树火"嘛。说石榴花如火，苏轼颇颔首赞同："微雨过，小荷翻，榴花开欲然。"然，燃也。香山居士白居易听罢微微一笑，用火比喻石榴花，也太没想象力了，用美女比喻如何？随吟出："花中此物似西施，芙蓉芍药皆嫫母。"……美人杨玉环，大概听得不高兴了，站起身走到石榴树前，摘下一朵盛开的石榴花，唤来皇宫里的裁缝："就照这个款式，为我做一条裙子吧。"很快，裙子做成了，瞧，多美啊，喇叭花萼状的裙身，折皱花瓣状的裙摆。当这花儿般的裙子，穿在杨贵妃身上时，一时间，人比花艳，引无数英雄竞折腰——拜倒在石榴裙下。

石榴花，对于诗人们的喋喋不休，大约并不关心；对因美人模仿秀提高了的知名度，也漠然不在意。它在意的，是花后的果实，是种属的传播大业和子子孙孙的前途。

对于如何传播自己的后代，石榴树绝对是费了很大心思的。果实没成熟时，果壳是绿色的，悄悄隐居在重重绿叶中，不易被人和动物发现，即使发现了，大概也没有谁愿意吃它，因为这个时候的果实里充满了过多的酸和涩。一旦果粒熟透了，石榴树便收起酸涩，将果壳染出诱人的绯红。夺目的光彩，瞬间跃动在圆圆的浆果上，仿佛在说："我成熟啦！"此时的石榴，生怕招引不来众多食客，甚至倾力把自己肥硕的果壳裂开，露出里面宝石般的果粒，闪耀出令人垂涎的晶莹。

石榴们清楚，天上不会掉馅饼，想要获得肯定必须付出。它们绝不会枉费时间，徒劳地祈求，等待人、蜜蜂和小鸟的恩施。艳丽的花朵和甜美的果实，对石榴树来说，都无用处，这些只是交给传粉者和播种者的"劳务费"。自己一动不动的命运，只能仰仗动物们的合作——蜜蜂在醒目路标（花朵的色彩）的指引下，在香甜蜜汁的犒劳下，帮石榴完成了传粉大业；小鸟和人类，则在咽下石榴酸甜爽口的果汁后，心甘情愿成为石榴的播种者——从人的嘴巴里吐出的或小鸟胃里穿过的石榴种子，完成了石榴的心愿：把子子孙孙送到自己无法抵达的远方。

在子孙传播伟业上，石榴树的投资，也显示出了其大手笔。剥开一枚石榴，会看到革质的果壳里，有六个由白色果膜分隔开来的子房，每个小房间里，六七十粒亮晶晶、红艳艳的石榴籽，蜂窝状排列得整整齐齐，即古人所谓的"百子同包，金房玉隔"。也就是说，一枚果子里，就有四百余粒种子。一棵大石榴树上，一年会产出几十上百枚石榴，可以想见，若把石榴树一生产出的石榴籽堆积起来，将是多么宏伟的一座"宝石山"！这不计成本的种子投资，远远超过了人的理解力。一个妇人，一生最多能生几个孩子呢?

石榴树，就这么锲而不舍地一代代结出不计其数的种子，并挥金如土。这让我面对它，唯有感动和崇敬——望着满树摇曳的石榴裙，我诚心诚意地"拜倒"在其脚下。

和人类对于"多子多福"的理解不同，石榴树当初长这么多果子的时候，大约也不知道哪一粒会发芽，会长成一棵石榴树吧，但每一粒石榴籽，都寄托着石榴妈妈的希望。

石榴树执着的努力，终于感动了天地。在石榴树的老家古波斯国（现在的伊朗等地），石榴有幸遇到了汉代出使西域的张骞。当跟随张骞而来的石榴籽在中华大地上发芽、长大并结出美艳的果实后，国人开始领略了石榴树的内涵："榴枝婀娜榴实繁，榴膜轻明榴子鲜。"（李商隐的诗句）

从此，我们的嘴巴开始与酸酸甜甜的石榴汁握手言欢，婀娜的石榴树枝上，开始悬挂起诗词歌赋，历代的美人，也纷纷开始为自己裁剪皱染妖娆的石榴裙，整个世界，似乎都旋转在石榴裙下……

湖光天色飞燕草

当我在键盘上敲入"飞燕草"三个字时，眼前摇曳着一抹天空般的蔚蓝，那是故乡山坡上蓝莹莹的飞燕草。

高挑茎枝上的花朵，像一群蓝色的燕子，花瓣轻扬，花距昂首，在大片的绿色中，扑棱棱地展翅。

飞燕草是我最喜欢的蓝色野花，从儿时起，故乡飞燕草的蓝，就一直浇灌着我的眼眸，让我的心灵也如同天空般宁静、旷远。

七月，骄阳下，野草丛中每一朵盛开的飞燕草花，是它们向昆虫发出的请柬，花儿会用花距里的蜜露，答谢前来劳作的传粉"红娘"。飞燕草显然懂得遵循一分耕耘一分收获的道理，不会像兰花那样，使出欺骗传粉的"花招"。飞燕草，是花草里的良民。

仔细看，飞燕草在花朵的长相上，是下了一番功夫的。长成飞燕状，只是我们人类的看法，飞燕草呢，是不会费心劳神地去模仿一种鸟。被我们看作是燕子头部的管状距，是飞燕草让其中的一片花瓣演变而来的，里面存储了香甜的花蜜。飞燕草用这尖尖长长的花距，阻挡了一部分口器粗短的昆虫，也阻挡了前来只想偷食花蜜却不愿意干活的家伙，确保了种属遗传的稳定性。

可见，花距是聪明植物的标志，到现在也被归入植物分类的特征之一。花朵的距，有管状，也有兜状，大家常见的兜兰的兜兜，也是另一种用途的花距。

一些植物想来是要显示自己"过人"的智慧吧，把自己的花距弄得特别夸张。大彗星风兰，就长着细细的长达20厘米的花距。

1862年1月，达尔文观察到产自马达加斯加山地丛林里的大彗星风兰，它盛开时，20多厘米长的花距内，从管底向上4~12厘米灌满了花蜜。达尔文当时在《兰花的传粉》中发表言论说：如此多的花蜜，一定是给"红娘"准备的，一定有一种还没有发现的蛾子，长着近一尺的长嘴——"喙长一尺的蛾子！简直是天方夜谭。"一些所谓的专家如此嘲笑。

然而41年后，1903年人们发现并观察到了为大彗星风兰传粉的天蛾——非洲长喙天蛾。这种体型酷似蜂鸟的蛾子，有着20厘米的长喙，飞翔时长喙犹如一盘卷尺。在花前，伸直了的喙管，恰好可以探进大彗星风兰的花距里去吸吮，并且恰好在它吸食花蜜时，风兰可以悠闲地把花粉团粘在蛾子的头上。当蛾子去下一朵风兰上进餐时，风兰也圆满完成了自己的传播大业——这花距与蛾子口器协同进化的"双人舞"，不仅诞生了世间的传奇，也印证了达尔文的推测性预言。

花朵将自己的花距加长加深，蛾子吸食花蜜时自然要与花朵贴得更紧，接触到花粉的可能性就大大提高了；花距的格外用力，也鼓励了蛾子继续制造出长长的喙管，只有这样，才可以吮吸到更多的花蜜。瞧，花朵与蛾子都懂得"用进废退"的理论，它们彼此专一的依赖，使得花距与蛾子口器的长度密切吻合。

在故乡的田野上，每到夏季，高高举起花距的飞燕草，迎来的不只是为它传宗接代的昆虫，还有一帮孩子——摘下飞燕草的花距，然后轻轻一吸，甘甜的花蜜，就流进了嘴里。

好在故乡的飞燕草并没有记恨我们的自私，更没有减少花距中的蜜露。来年，满山满坡还会开出片片蔚蓝，慷慨地献出它们的甘甜。

如今，我们头顶的蓝天越来越少了，如果哪天见到如飞燕草花瓣一样湛蓝的天空，心情就会格外敞亮。更多时候，我们一睁开眼睛，就要面对灰扑扑的天空。

当头顶的雾霾压抑得我快要喘不过气来时，我会在电脑上流连一会儿飞燕草的身姿。那一抹采撷了天空与湖水的湛蓝，包含着苍穹的深邃高远，且饱含儿时的记忆。

飞燕草花朵的甘甜连同色彩的美丽与哀愁，如同停放在故乡的一缕呼吸，这时会越过电脑，重又回到我的鼻息里……

桑叶结成满树诗

春天里，万物复苏时，女儿总有办法弄来几只蚕宝宝，养在一个纸盒里。这该是城里的孩子与自然最亲密的接触了。这个时候，桑叶显得是那样的亲切和弥足珍贵，只有躺在新鲜的桑叶上，蚕宝宝才能悠然地用嘴巴啃出"沙——沙——沙"的天籁之音。

接下来，就可以和女儿一起静静观赏绿色的桑叶，是如何让那些刚刚从卵壳孵化出来的黑色蚁蚕，幻化成灰绿色的"吃货"；之后，看吃货们一个个逐渐变身"白娘子"；再后来，是等待白娘子破茧成蝶，生下一堆堆蚕卵，完成一个个生命的轮回……

期间，蚕的蜕皮嬗变，怎一个"沧桑"形容。

人们赞美"春蚕到死丝方尽"，岂不知，蚕的衣食父母——桑树，更值得人们尊敬。

没有了桑树，蚕、华美的丝绸乃至远古的丝绸之路，都无从谈起。从这个意义上讲，一株株毫不张扬的桑树，才是丝绸之路真正的起点。

传说黄帝时代，黄帝娶西陵氏之女嫘祖为妻，是她教人种桑养蚕。她辅佐黄帝，协和百族，统一中原，确立以农桑为立国之本，首倡婚嫁，母仪天下，福佑万民。

大概源于此吧，商代的甲骨文中已出现桑、蚕、丝、帛等字形。到了周代，采桑养蚕进入了寻常百姓家。先秦时期，桑树已是遍布田野的一种植物。飘逸华贵的丝绸，开始成为男子的朝服，女子之美，也可以用"落花入领，微风动裾"这样的艳词了。

这个时候，站在丝绸之路源头上的桑树，枝枝杈杈上，也开始悬挂起诗词歌赋。《诗经》305篇之中，有桑树意象出现的多达22篇，甚至超过了先秦时期的主要粮食作物黍稷。唐诗中与蚕桑有关的诗，就有近500首！

在这些文人墨客的吟咏中，桑树枝叶间浸透的，除了悠远宁静的故园和家乡之情，还有绿荫深处让人心猿意马的古老爱情。

《诗经·豳风·七月》一诗中，道出了周朝时丝绸的生产过程：在整枝、采桑、采

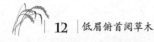

繁、备苇后，方开始织帛、染丝，最后成衣。《卫风·氓》中的"氓之蚩蚩，抱布贸丝。匪来贸丝，来即我谋"告诉我们：周朝北方的广大地区，以家庭为单位生产的蚕丝和丝织品，已经在市场上进行物物交换了，即所谓的贸易。

"十亩之间兮，桑者闲闲兮，行与子还兮。十亩之外兮，桑者泄泄兮，行与子逝兮。"读这样的诗，眼前会飘出一幅画：一位妙龄采桑女和自己喜爱的男子，在桑林中携手漫步，甜蜜、自由、欢喜，充盈在桑林间——"桑中""桑间"也因此成为那个时代约会的代名词。

当然，《诗经》中也有被负心汉抛弃的女子，在描写她的痛心时，直言这种感受，如鸠食桑葚而醉，已经伤到了自己的身体。

桑树，更多的时候是受邀站在村庄周围。古人称桑树为"扶桑"，因为它们相扶而生，像亲人一样不离不弃。我想这相扶之中，也有桑树对于人类的扶持吧。从孟子之言"五亩之宅，树之以桑，五十者可以衣帛矣"可见，农耕社会里的"吃"与"穿"，只需栽桑养蚕，就可以轻松实现了……

读"沧海桑田"这个词时，心中会涌出几多感慨。在遥远的古代，谁也不会想到，这些其貌不扬的桑树，竟站成了一条长长的闻名世界、连接中西方经济文化长达七千公里的丝绸古道。从此，世界从一片片脉络分明的桑叶中，听到了古老而神秘的中国弹奏出的美妙旋律，从一匹匹轻柔丝滑的绸缎上，感触了中华民族的强盛与文明。

但无论是通过蚕的嘴巴化作华美的丝绸，还是作为酸酸甜甜营养丰富的桑葚，慰劳人们的口和胃，又或者知晓自己根皮和叶入药会化身为人类的保健医生，桑树都是那样的低调，那样的朴实无华，甚至从不考虑自己在人类心目中的地位。

岁月悠悠，沧海桑田，古老的桑树，始终默默坚守着它的展叶以及被摘后的重生，在永无休止的苦难中，结出的却是一首首华丽的诗篇。

酢浆草的"心"经

每个人，曾经都有过一个寻找四叶草的故事吧。

因为，四叶草代表幸福。

刚刚参加工作时，我最喜欢做的一件事，就是在满地酢浆草的三叶中，寻找长着四片叶子的"幸福草"。这项"工作"的难度，其实不比在现实中寻找幸福简单——在十万株酢浆草中，或许只会发现一株拥有四片叶子，这种基因突变的概率，大约只有十万分之一！

据说，夏娃从伊甸园给人间带来的"礼物"，就是这"四叶草"，一片叶子代表真诚，一片代表专心，一片代表奋斗，第四片叶子代表幸福。

也就是说，我们常见的"三叶草"只有前三种寓意，上帝为了褒奖那些勤奋善良的人，便派生了第四片叶子。

我家楼下的绿地上，就有一片嫩绿的三叶草。春天，钻出地面的三片绿叶，早早送来春姑娘的倩影，沾满露珠的心叶，在早晨的阳光里温柔闪烁，顶出黎明最初的光。让人不由得感动它的美，又美又温馨。

仔细看，酢浆草的每一片叶子，都拥有完美的心形，三颗小心尖连在一起，组成一枚复叶，托在细细长长的茎上，精致得如同花草王国里的"三字经"。它甚至贸然闯入扑克牌，在里面充当起"梅花"。

这花草"三字经"，也常常是我插画里的主角，简简单单却寓意深远，一副花草"哲人"的模样。当我凝视这些万众一心的小草时，似在大海的浪花里看见全部的自己，听见它从头到脚漫过我的身体，从外到内安抚我焦躁的心……

说实话，幸福草，我一直找寻未果。这期间，我却找到了另一种乐趣，这乐趣让我开心的同时，也对酢浆草充满了敬意。

乐趣，是在一次不经意的触摸后发现的。花期过后，酢浆草丛中，会冒出许多五棱的蒴果，高高昂首在茎枝上。一次，当我试图去采脚下一片貌似幸福草的绿叶时，伸手之际，忽听得一声轻微的"啪"的炸裂声，两粒小种子竟然弹到我的脸上，像新长出来的小雀斑那样"定格"了。不疼，但痒痒的，很让我惊讶。我低头，发

现右手旁，刚刚还是五棱蒴果的果荚，已然开裂卷曲。

呵呵，小小的"子弹"，该是从这里发射的。

在好奇心驱使下，我开始尝试着用手去碰，去捏它周遭的其他果荚。那些快要成熟的果荚，在我的触碰下，果壳即刻爆裂，将种子弹出，射程达40多厘米。听着这轻微的"噼啪"声，看酢浆草种子神奇的弹跳，真的让人特别开心。

酢浆草的智慧，也体现在小小的种子上，成熟了的种子是褐色的，种子表面覆盖着一层指纹般的粗糙突起，可以让它轻易附着在其他物体上。

想必，此刻的酢浆草也特别满意，在我的协助下，它的子子孙孙已经踏上更为广阔的领地，那些粘在我的皮肤、衣物和头发上的种子，在我走到别处，一甩头，一跺脚时，也完成了它们的迁徙。这是酢浆草的高明之处，也是我所敬佩的花草"小聪明"。

此情此景，可以解释自家阳台上的花盆里，为什么老有酢浆草的小苗冒出，生生不息。

酢浆草的花，也是那种能经得起仔细审读的"五言绝句"——五片靓丽的椭圆形花瓣，依次从托叶上旋转着伸出来，深色的脉纹，从花心到花瓣边缘渐次变浅。整个花朵，妩媚又不失雅致。初夏，碧绿的"地毯"上，开始铺满粉红色的"五言绝句"，每一朵小花，带着喜不自禁的快乐，都像在对着太阳唱歌。每一朵花里，都斟满了阳光和雨露。

维希尼克说：在大自然里，每一小块的生命都是可贵的，而且放大倍数越大，引出的细节就越多，完美无瑕地构成了一个宇宙，像永无止境的连环套……

三叶草，可不就是这样一个令人神奇的小宇宙？！

风雨轮回，冷暖更迭。转眼，多年过去了，我依然没找见拥有四片叶子的"幸福草"，可我一点也不沮丧。相反，我觉得自己过得很充实，也很幸福。这期间，我学着像三叶草那样，用一颗真诚的心，对待生活，对待工作和朋友；用辛勤的汗水，"浇灌"我所从事的每一项工作，一心一意。

如今，我工作的"茎枝"上，也结出了沉甸甸的"果荚"。

这，何尝不是一种自我绽放？何尝不是人生的"第四片叶子"？

感谢夏娃带给人间这美好的礼物；感谢多年来一直陪伴我的三叶草！

沿着酢浆草三枚心形叶所指，一切从"心"出发。踏踏实实做人，踏踏实实工作——"真诚、专心、奋斗"，就是我眼里的"幸福草"。

谦谦君子无花果

　　陕师大校园里，在我每日接送孩子的路上，有一棵高大的无花果树，强壮有力的枝条朝四周舒展开来。秋日里，数不清的"手指"拎着大大小小的果子，从掌状的大叶子中伸出头来，有的还很青涩，有的已成熟得裂开了嘴，笑得连它周围的空气也甜丝丝的。

　　当初很奇怪，在相对严寒的北方，这棵无花果树竟然能够长到二层楼房那么高！仔细查看了它的生境便释然了，四周高大的楼房为它圈出了一方舒适的领空，冬无严寒，夏无酷暑，难怪它相貌不凡呢。

　　"妈妈，无花果是不是不开花就结果啊？"女儿的问题，也曾经是我首次接触无花果时脱口而出的疑问。

　　最初给无花果定名的人，肯定是不了解植物的。

　　植物可以"花而无实"，但"实而无花"是绝对没有的。

　　摘下一个刚从叶腋长出的小无花果，用刀纵向剖开，就能看到它里面是空的，形状像个小"罐子"，罐子里长着很多小花，并且还是三种样子：雄花、雌花和瘿花。

　　"罐子"内壁的上端是没有花瓣的小雄花，下端是小雌花，或者雄花散生在小雌花当中。瘿花是一种特殊的不孕雌花，花柱很短，不能进行繁殖，但却别有用处——是无花果的媒人"榕小蜂"幼虫的"托儿所"。

　　在"罐子"的顶端有一个小孔，孔口被密生的苞片封住，"谢绝"其他昆虫进入，连风儿也被禁止入内。

　　这个小孔，只为"榕小蜂"敞开，体长 2～3 毫米的"榕小蜂"，能灵巧地从小孔处钻进。

　　"榕小蜂"从小孔钻进"罐子"后，会在瘿花上产下一枚卵，产在瘿花中的卵很快孵化成幼虫，靠吃胚珠长大，羽化为成熟的小蜂。"榕小蜂"在花间绕来绕去转悠时，身上"沾满"了花粉粒。羽化了的小蜂往往是雌性，从无花果的小孔中飞出去与雄蜂交尾后，又去寻找别的"托儿所"。

　　如此循环反复，无花果的花，全部借助于"榕小蜂"，完成了授粉大业。

这个盛满了"花朵"的所谓果实，叫花托，花托是不透明的。因此，从外表看，根本看不到花。因为花都"藏"在罐子形肥厚的肉质花托里，这种长法，植物学上叫"隐头花序"。

"妈妈，听你这么说，这无花果，该叫'隐花果'才对吧？"

的确如此啊！只是，这世上的许多事，是无法用该不该来界定的……

算是一种约定俗成吧，但谁也无法否认无花果是花中的隐士——花是果，果也是花。它不像桃李，将艳丽的花朵高高擎上枝头，向人炫耀。无花果默默奉献的，是一份谦虚、质朴的甜美，因此，人们敬重这果实，敬重无花果树。

默默无闻是一种姿态，奉献是一种精神，默默地奉献，是一种伟大。

默默奉献的人，他的人生就像无花果一样充实，一样伟大！

做减法的水仙

年前买菜时，在菜市场门口，顺便买回两颗水仙球。

学着花工的样子，我用刀片在每个水仙球的顶部，轻轻划出一个"十"字形切口。在清水中浸泡一天一夜后，洗净切口上的眼泪（即胶状黏液），然后，放进注满清水的瓷盆里，静静等待寒冬尽处的花与香。

水仙哭了吗？也许吧，但它一点儿也不会悲伤，更不会因此抱怨我——冰肌玉骨的鳞茎内，众多奔突无着的叶芽，多了些奔向光明的出口，水仙怎么会怨我？

三四天后，就有嫩绿的叶尖从十字口里探出头来，叶子的形状渐渐现出完美的流线型，灼灼地闪着绿光，把身旁的鹅卵石和清水也映得生机勃勃。

接下来十多天的时间里，是叶子和叶子之间的较劲。在阳光的指引下，叶片们比高比壮似的长大。真担心它们会把水仙球里的营养耗尽，离过年还远，要给花儿留些呢。为了防止叶子徒长，我不得不白天把水仙搬到户外，夜晚再请回来。

春节前，蓝瓷盆里的水仙，绽开了第一朵花——素净的白花瓣中央，是一轮明亮的橙黄。

用鼻子使劲嗅房间里丝丝缕缕的幽香时，脑子里映出的，却是一幅画："凌波仙子生尘袜，水上轻盈步微月。"嗯，一位清秀的凌波仙子，在北宋才子黄庭坚的诗词里，正款款地飘向我来呢。

接下来，第二朵、第三朵……第九朵水仙花，纷纷绽开了。

空气，在水仙花的香味中穿行，呢喃：春天来了么？

当越来越多的水仙花点燃我的双眼，它们的芬芳漫过我的衣衫时，我也不禁生出同样的恍惚……

雨果说：所有的植物都是一盏灯，香味就是它们的光。

按说，自花传粉的水仙，是不需要用如此浓郁的香味为自己做广告的，何况寒冬腊月，怎么会有帮它传粉的蝴蝶或蜜蜂踏香而来呢？那么，千百年来，水仙的幽香并没有褪去，按照"用进废退"的学说，是否可以这样理解——这芳香，是留下来专门愉悦人的。

水仙，我说的可对？

迷恋水仙的醇香，迷恋水仙的清丽，迷恋水仙开在百花凋零时的精神，人类迫不及待地用水仙的鳞茎，"克隆"出一簇簇水仙，让它们在岁末年初优雅登场。人类的无比钟爱，让水仙觉得，"种子繁殖"这个植物传播的法宝，对自己而言，已经是多余，于是，水仙如释重负般弃之不用。

"只凭一勺水，几粒石子过活"（郭沫若语）的水仙，不需要沃土壮肥，就能开出美妙的花，飘出宜人的香——只因为，水仙的一生，一直在做"减法"！

人生在世，也是加减二字。

但在生活的漩涡里，我们被功利得失裹挟着前行，常常身不由己地为自己的人生做加法：追求，索取，争名争利。

水仙，为我们"点亮了一盏灯"：精简人生的行囊，甩掉心灵的包袱，生活，不过是"一箪食，一瓢饮"这样简单。

听，清水中的水仙花，就是这么说的。

"艾"在心里

每年端午节前，我都会买一把艾蒿，悬挂在家门口。门上挂的艾蒿，墨绿色的叶面微微卷曲，露出叶背的银白。这，是我喜欢的端午节装饰。

更喜欢艾蒿馨香微辣的气息，在它悠长的香薰里，有我童年时夏天的味道，有父母给予我们的爱，也有艾蒿给予人类的爱。

小时候，从端午节开始，芬芳的艾味便一直伴随家人，一起度过没有蚊虫侵扰的夏夜。父亲会在端午前夕，就去野外割艾，回家晾晒在院子里。艾半干时，会用一双大手搓成一条条的艾绳盘挂起来，父亲把这种草绳叫"火药"。傍晚时分，父亲会叫我们把门窗全部打开，然后点着"火药"，在艾绳腾起的缕缕青烟里，蚊蝇们纷纷逃离到户外。静静燃烧的艾蒿，的确是驱赶蚊蝇的好药，简单、芬芳，最重要的是环保。

端午节当天，妈妈还会将艾蒿、柴胡的叶子晒干，研磨成粉，加入雄黄粉后，一起缝进绸缎做的心形荷包里，然后用花花绿绿的丝线，挂在我和妹妹的脖子上，绑在我们的手腕和脚腕上。

儿时，脖子和手腕上的香包、花花绳，是迄今我记忆中最美的项链和手镯。

每当我们姐妹有磕磕碰碰的小伤，妈妈就会熬一锅艾蒿水，亲自为我们擦洗、热敷……沐浴在艾蒿香味中的童年，幸福、温馨，令人久久回味。

作为一种野草，艾蒿在我国的乡野随处可见。但是，还没有一种植物，能像艾蒿这样可以与人类相亲相爱，成为一种文化，一种精神。

揉碎一片艾叶，它的香味就会从指间腾起。当初的"准化学家"艾蒿，鼓捣出一系列桉树脑、艾草油、侧柏酮、萜类和香豆素等化合物，原本是要维护自己的领地和驱赶它周围的食草动物。自从人类发掘了它的驱虫、驱瘴功效后，艾蒿就再也不是原来那个在荒野中自生自灭的艾蒿了。

它受人邀请安居在人们的房前屋后，在端午节这天，跻身于人类的门楣上，被平铺在席子底下，潜身在女人脖子上挂的香包里，或是被别在男孩的衣服上，插在女孩的发辫中。一些地方，艾蒿甚至走上人们的餐桌，化作绿色的汤、粥、糕等等，

惠及人的身体……

用进废退，艾蒿在人类的厚爱中，渐渐强化了自身最原始的本能。

战国时期的《五十二病方》中详细记载了艾叶的疗效与用法。李时珍的父亲李言闻在关于艾蒿的专著《蕲艾传》中称赞道："产于山阳，采以端午。治病灸疾，功非小补。"唐代食疗鼻祖孟诜，对艾情有独钟，在其著《食疗本草》中记载：春月采嫩艾做菜食，或和面做馄饨如弹子，吞三五枚，治一切鬼恶气，长服止冷痢……

瞧，艾的应用历史，几乎与中华民族的文明史一样悠久流长。

大多数时候，艾蒿是以"艾灸条"的形式，游走在人皮肤的表面上。

整日里面对电脑，颈椎病、肩周炎不请自来，妈妈早在电话中提醒我用艾灸一灸。一直没放在心上，直到有一天，一觉醒来脖子僵硬得几乎无法转动，赶紧吩咐老公买回艾条和艾灸盒。当温热的艾灸盒里，飘出熟悉的味道，脖子痛竟奇迹般地慢慢痊愈了。

从此，童年结识的悠悠艾香，再次氤氲在我的生活里。一些现代病，我都尝试着用这古老的艾灸术祛除——膝盖酸痛时灸一灸，感冒发热时也灸一灸。

更多的时候，艾，成为我与传统、与土地和亲情沟通的一种纽带。

"彼采艾兮，一日不见，如三岁兮。"《诗经·王风·采葛》里的这几句情诗，正是此刻的我想对艾蒿说的。

自静其心卷心菜

因为产量高，易储存，四季都可以见到卷心菜圆乎乎、脆生生的身影。

大概是太普通了，在众多蔬菜里，卷心菜大多时候像个"候补队员"，只有当厨房里的菜蔬告罄时，它才有机会上餐桌客串一把。

但作为一种植物，那独特的包心生长方式，常令我肃然起敬——它懂得自静，很有涵养的样子。

老家在地中海沿岸的卷心菜，是两年生植物。第一年进行营养生长，第二年开始生殖生长。

在卷心菜生长的初期，叶片是舒展的，螺旋状长在矮茎上，就像一朵绿色的莲花（即莲座叶）。等到秋季天气转凉，叶片长到17~30枚的时候，卷心菜内部的叶片就不再展开了，而是相互包裹起来生长，叶柄也逐渐缩短甚至消失，直至长成一个圆圆的球体（即结球叶）。

卷心菜费尽周折，将莲座叶收缩成结球叶，目的只有一个：让位居中心的花芽，温暖安全地度过地中海沿岸湿冷多雨的冬季，待来年春天，抽薹，开花，结籽，繁育下一代。

卷心菜懂得什么才是生命的重点，并千百年来身体力行。

人类在地球形成后，出现了一个插曲：人们在它第一个生长季节末，就将卷心菜的营养球采收，这大大出乎卷心菜的意料——我把叶子长成这样，是为了保护我的下一代，而不是为了让你们吃的呀。

但慢慢地，卷心菜发现，正是由于自己的可口，才鼓励人类主动去种植卷心菜。如果单凭自己的力量，足迹能否踏遍地中海沿岸都很难说，而借助人类的力量，卷心菜的后代已遍布世界各地。

"权当是用营养换取传播吧！"这样想时，卷心菜前嫌尽释，开始配合人类，竭力结出一个又一个丰满、圆润的淡绿色球体，人类叫它卷心菜。

从生命传播的大局出发，卷心菜一如既往地选择了内敛、深邃与含蓄——当初绽开时，用每片花瓣型的叶子，收集阳光和雨露；收拢时，叶片一层包裹一层，将

所有的营养和记忆叠加，涵养中心那一棵幸福的花芽。

即便是变成"手撕包菜"，被人类吃掉，也无怨无悔！

不管遇到什么意外，学着做一棵卷心菜吧——自静智生，智生事成。

自静，可以让人变得彻悟、明智、湿润、含蓄而大气。

梭梭速度定成败

梭梭，琐琐，锁锁，扎格（蒙古语），无论叫什么，梭梭都是一种外形普通而品格优异的荒漠植物。在沙漠这个荒芜的生命舞台上，梭梭成功演绎了生命智慧、才略多谋、勇敢无畏、锲而不舍的奇迹。

如果你愿意俯身片刻，了解一下这种植物简单的工作，就不难在它的根、茎、叶乃至种子里，发现勇敢而智慧的迹象……

烈日的烘烤和狂风的撕扯，铸造了梭梭钢铁般的枝干，坚硬得连斧头也难以砍断；梭梭用长达 5 米的根，把被风扬起的沙粒抓住，竭力追寻生命之源的水；根系被风蚀，裸露出一米多，狂风袭来依然可以岿然不动；为减少蒸发、减轻风的杀伤力，它甚至舍掉了自己的绿叶，用新发的绿色嫩枝进行光合作用；梭梭的花被片，在果实成熟时，不仅不脱落，反而会变成稍大点的"盾牌"，呵护果实；在果实背部，梭梭还为自己装备了一个横生的翅膀，长出翅膀的果实，自然能驾风飞翔到很远的地方……

最让人敬佩的是，为了抓住沙漠中那贵如油的几滴水，梭梭练就了世界之最的种子萌发速度——一旦遇到雨水，两三个小时之内，就能迅速生根发芽，快速长成一株小梭梭。

而我们常见的发芽最快的蔬菜种子白萝卜和小青菜，2～4 天后出芽；草莓种子，发芽需要半个月到一个月。

急速发芽，只是梭梭把握的第一次机遇，要真正屹立荒漠，梭梭还必须紧紧抓住第二次生长机遇。从发芽的时候开始，小梭梭把自己全部的心思、注意力和精力，都集中在时刻准备着进行下一轮的冲刺了。

因为，稚嫩的小梭梭，一出生就不得不面对一个更加严峻的现实——若来不及扎根，一场狂风过后，小小身躯会被连根拔起，顷刻间便隐埋在漫漫黄沙中了。因此，小梭梭一旦发现有生存的机会，不是先把枝节伸向蓝天，而是以最快的速度，把根扎到地下。

梭梭的种子很小，千粒约重 3.25 克。但就是这细小的生命，它们的心里却装有

森林。这信念，让它们平静从容地抗击沙漠里的干旱、风蚀、沙埋、酷热和严寒……

没有雨水的日子，梭梭静静地站在沙丘上。这时它们是不会去学哈姆雷特，讨论生存还是死亡的问题。梭梭只想抓住机遇，一旦有一场雨，在很短的时间内，梭梭就会将根扎下去一二米！在我们看不见的地下，编织出蓬勃的生命之网，唱响沙漠里最动听的歌。尽管地上部分还很幼小，但梭梭懂得，有了根基，才会拥有沙漠。

"梭梭滩上望亭亭，铁杆铜柯一片青。"梭梭点绿荒滩、傲风斗沙的生态价值，也赢得了清朝诗人纪晓岚的尊敬。

包括新疆初中生物地方教材《新疆动植物》，几乎所有的资料上都说，梭梭的种子，离开母体后只能活几个小时，是世界上寿命最短的种子之一。对这个说法，我不敢苟同。

沙漠里降水量极少，几个月不降水的现象也时有发生。每年的10月至11月份，是梭梭种子的成熟期。成熟后的梭梭种子，能在几个小时内，恰巧遇到足够的降水来萌发吗？种子萌发，是梭梭繁殖后代的唯一途径，如果真的一年中的这两个月没有雨水，野生的梭梭岂不断子绝孙了？聪明的梭梭，练就了那么多适应严峻沙漠的生存技能，怎么会在这方面疏忽呢？

千百年来，梭梭没有在荒漠上消失，说明梭梭的种子绝不会仅仅拥有几个小时的寿命。当然，梭梭能够在荒漠中安家落户，起决定作用的，是梭梭无与伦比的萌发和扎根速度。

突然觉得，梭梭的生存故事，对人类也不无启示。

在我们生命的长河里，没有机遇会为谁独自停留，成功需要速度。古人云："激水之疾，至于漂石者，势也。"是的，速度决定了石头能否在水面上漂移。同样，要想获得成功，就需要赋予人生足够的速度。

如果在机遇来临时，迟迟不采取行动，那么从身边溜走的不光是转瞬即逝的机遇，还有成功和快乐！

速度，是成功者如梭梭般昂首生命荒漠的姿态，是可以定成败的。

蒜，大爱无言

"姊妹七八个，围着柱子坐。大家一分手，衣服就撕破。"

记得小时候不等我念完谜语，嘴快的小伙伴就抢先说出了谜底。

蒜，这个拥有着独特外形和深刻内涵的百合科植物，它的身影一直活跃在餐桌上和人们的生活中，用味蕾乃至身心，愉悦我们——那辛辣的滋味让人欲罢不能，一些凉拌菜缺了它好像没了灵魂；它用大蒜素为人体筑起的保护屏障，使细菌望而却步；从蒜头、蒜苗到蒜薹，全身上下，于人类而言无一处多余。还有，那个成熟后生长紧密的大蒜头，多像团结一心的一大家人……

也许是我们平常的日子太寡味了吧，当张骞出使西域，带回这个比小蒜大得多的"洋蒜"（那时叫葫蒜）时，国人一下子爱上了这种能让人"从嘴巴辣到心"的小白胖子。

没有褪掉外衣时，大蒜闻起来几乎没有异味；就是剥掉衣服，露出白白嫩嫩的身子，这时候的大蒜也是温和的；只有在你的牙齿咀嚼它的那一霎，直冲云霄的辛辣和那股特殊的臭味，会突然间叫食者记忆深刻。

这和着臭味的辛辣，是大蒜为了保护子孙后代，千百年演化出来的化学防御战术——平时大蒜中无味的蒜氨酸和蒜酶各自静静地待在大蒜细胞里，井水不犯河水，而一旦把大蒜碾碎，它们间的屏障洞开后，蒜氨酸会在蒜酶的分解作用下，形成化合物硫化丙烯，这种既辣又臭的化合物，就是大蒜素——大蒜用大蒜素驱赶侵略者呢。

出乎大蒜的预料，人类竟然喜欢让自己的嘴巴"受虐"，即使那股难闻的臭味，也挡不住人嘴巴的一张一翕。

和其他被人类驯化了的植物一样，大蒜逐渐意识到，只有和人类密切配合，才会有种族的繁荣兴旺。如果拒绝人类，这会儿，大蒜肯定只在西亚和中亚的风中，如野草般自生自灭。

意识到这些的大蒜，开始竭尽全力向人展现自己的"才华"。

考古学家发现，在古埃及金字塔上有很多关于大蒜的象形文字。这些文字生动地记载着奴隶们是靠经常食用大蒜补充体力，才得以承受建造金字塔这样繁重的体

力劳动，以及抵挡酷暑和严寒的肆虐；早期奥林匹克运动会的参赛者，赛前都要吃几瓣大蒜，以增加勇气和力量，来角逐参赛对手。

大蒜之所以能成为体力"发电机"，是因为大蒜素与维生素 B_1 结合，能产生具有消除疲劳、增强体力的"蒜硫胺素"——促使人体从食物中摄取的葡萄糖在细胞中不断分解、燃烧，进而转化为能量；大蒜含有丰富的微量元素硒和锗，是人体抗癌的功臣。瞧，大蒜是个不折不扣的化学家呢。

大蒜素，还能在瞬间杀死伤寒杆菌、痢疾杆菌、流感病毒等，被赞为"土里长出的青霉素"、犹太人的"盘尼西林"。第一次世界大战时，美国政府把大蒜榨出汁来，涂在绷带上，用来敷裹伤患，预防感染，因此挽救了数十万伤员……

尽管大蒜有如此多的保健功能，但是，普通人对大蒜的兴趣，更多的源于味蕾上的愉悦吧。在百度中输入带蒜字的菜单，就能看到大蒜有多么好的"人缘"了：大蒜鲶鱼、蒜蓉西兰花、蒜泥海带、蒜香排骨、蒜蓉粉丝蒸扇贝……大江南北的吃货们，谁又能忽视得了大蒜呢？家里即使有方寸之地，也要让大蒜的身影在其中摇曳。

常常想起《人间正道是沧桑》里的一段话："一个家就像头大蒜，父亲是蒜柱，母亲是蒜衣，而孩子则是一个个的蒜瓣。蒜衣紧紧将蒜瓣包在蒜柱周围，没有了蒜衣，孩子们就散开了。"多么生动的比喻呀！

曾经，父亲就像蒜柱一样，为我们姐妹们撑起头上的那片天；母亲是那蒜衣，把我们几个紧紧包裹在父亲的周围，为我们遮风，为我们挡雨，用自己辛勤的汗水，滋养我们长大成人。

如今，为人妻、为人母的我，也愿意做这样的一层蒜衣，将蒜瓣和蒜柱紧紧地包裹起来，成为他们的避风港。

林黛玉与绛珠草

一天，有个朋友问我，绛珠草是一种什么植物？

绛珠草？不就是《红楼梦》里为还泪而下界的林黛玉么？

《红楼梦》开篇即是"绛珠还泪"的故事——在那遥远的西方灵河岸边，三生石畔，有一株绛珠草，"那时萎败，幸得一个神瑛侍者日以甘露灌溉，得以长生。后来降凡历劫，还报了灌溉之恩"。于是，在人间的大观园中，便上演了林妹妹以无尽的泪水，终生为宝哥哥偿还情债的凄美故事。

虽然林黛玉仅是曹雪芹笔下的一个文艺人物，但她的形象在大家的心里是鲜活的，以致连她的前身都要被人不时提起。

林黛玉美丽、痴情、要强、耿直，在她身上，汇集了中国古代知识女性的美丽、聪慧、哀愁等全部特质。她的聪颖和才情位列金陵十二钗之首，一首《咏菊》技压群芳。她的诗，永远散发着白玉兰般优雅的芬芳，有着丁香般美丽的哀愁——唯美、凄婉、如花。

这些，该是绛珠草带来的灵气吧。

那么，世上果真有绛珠草吗？

从字面意思上看，绛，是深红色的意思，那绛珠，自然是深红色的珠子。曹老先生怀着一颗悲悯的心和真挚的情感，用绛珠来暗喻血泪。

想来可以这样认为：绛珠草就是一种有着深红色珠形果实的植物。

据此，有人说，绛珠草是即将濒临灭绝的长白山野生人参。伞形花序，头顶艳丽红果，又是珍贵中药材的人参，的确契合绛珠草的形象。满族有一个传说似乎也印证了这个说法：满族的祖先，是一位仙女吃了一颗神鹰（神瑛）衔来的人参果实（绛珠）而生出来的。还有，通灵宝玉的出处大荒山，正是满族人的发祥地长白山的别称。

以上说法似乎有理有据，但是，也有很多人说绛珠草是俗称"红姑娘"的灯笼草。

红姑娘的身姿和辣椒苗很有几分相像，果前也开白色的小花。花落了，会结出一个小小的、圆溜溜的浆果，圆得和珍珠一样。当秋天到来时，裹在外面膨胀如灯笼般的外壳，被风吹雨淋后只剩下丝丝缕缕的网脉，朦胧透出中央玛瑙一样的红果，

泛出诱人的光泽。送一颗入口，酸酸的，甜甜的，还有一点点苦涩。

仅仅因为拥有玛瑙般的红果，就认为绛珠草是"红姑娘"么？这个说法我不敢苟同。

瞧这"红姑娘"多皮实，有土即生，漫山遍野都有她喜滋滋生长，兀自盛开，结果的身影，怎么可以是"态生两靥之愁，娇袭一身之病"的林姑娘？同样叫"姑娘"，这性格差异也太大啦！想必，当林妹妹得知现今的"红姑娘"被人认作是她的前身绛珠草时，定会又一次泪光点点、娇喘微微了。

在植物界，头顶着一颗颗红色珠子的草本植物，可谓多矣。

灵秀的绛珠草，显然不可能是重楼、草珊瑚、茅莓、三七、覆盆子、羊奶子、大叶乌蔹莓、万年青等等蔓生于荒野，从外形到称呼，没有一点儿仙气的野生植物，更不可能是草莓、袖珍西红柿、红茄等等可以入口的吃货。

植物专家陈传国教授心目中的绛珠草是"深山露珠草"，这种草有着纤细透明的茎，心形的叶，开白色小花，剔透娇嫩，凄楚婉约。用陈教授的原话说："在长白山，每每见到绛珠草婀娜多姿、凄楚可爱的神态，我都会想起林黛玉，忍不住要做一回神瑛侍者。"——呵呵，原来露珠草在教授眼里与绛珠草也只是神似啦。

也有一些人根据《红楼梦》里的一句话："西方灵河岸上，三生石畔，有绛珠草一株"断定，这绛珠草因为生长在灵河的边上，应该是一种湿生植物。

但有着红色珠形果实的湿生植物几乎都无法与之对号入座。

荸荠的果实是圆形的没错，但颜色却是紫色；红菱的果实倒是红色，但果实形状却是元宝状；芡实鸡头米形的果实里，那些石榴籽一般的小红果也太琐碎了……

嗯嗯，说了这么多，思路也该明晰了：绛珠草，只是曹老先生个人的虚构，在植物王国中，是不存在的。

结香的哀愁

不知从什么时候开始，情人节这天，有一种叫"结香"的植物，注定要有不平凡的经历——被众多情侣环绕，将它那柔软的枝条打成同心结以祈祷白头偕老。而这一切，源于它那柔软的枝条和一个不怎么靠谱的传说。

"无限风光"的结香，不知道此时，是喜悦，还是悲伤？

被誉为"中国爱情树"的结香，枝条纤维组织发达柔软，花朵香气扑鼻，个头和人差不了多少。传说秦始皇时，宫内有一对相爱的男女，女的出身显贵，而男的家贫如洗，门不当户不对，是不能结婚的。万般无奈，这对男女选择了分手，分手前在结香树上打了个结，寓意彼此分手了结。不曾想打结枝条上当年开的花，不仅比别的枝条多，而且香味特别浓郁。此事传开后，秦始皇迷信地以为神在保佑他们，就破例让他们结了婚。

从此，民间渐渐形成了在结香树上打结许愿的风俗。

按说，这个传说和西方的情人节是没有任何关系的，但是被媒体炒作后，结香的中国元素和传说所赋予的光环，让广大情侣们如获至宝，在情人节这天被单独拎出来，以中国式爱情的名义，被迫接受无数情侣的愿望。

如果，一两对情侣用活体结香的枝条，将自己的"爱情"打结许愿，我想结香是愿意成全这美丽的愿望的，但当无数对情侣在一天内几乎将所有的枝条都打上结，结香还顾得过来吗？

寒风中，站在满身是结、挂满许愿卡的结香前，我的脑海里突然冒出来一个词：打劫。

是的，眼前的结香，的确是受到了一场浩劫——打满结的枝条纠结着，枝条顶端灰白色的球形花苞被人为地扭在一起，像是在抱头痛哭。一些枝条在打结时被生拉硬拽到枝条断裂，露出绿白色的断茬，这该是结香的滴滴眼泪吧？

在一株"愁肠百结"的树上，那些强加于她的爱情愿望能实现吗？

好在植物园里还有一株结香，没有被"打劫"。

打结枝条上开的花，真的比别的枝条多，香味也要浓郁吗？我没有发现。每每走到打满结的结香前,我的脚步是匆匆的,因为她总让我想起龚自珍《病梅馆记》中的病梅,我不想听到结香的叹息。

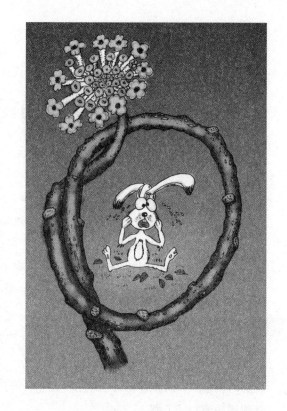

打过结的枝条,营养和水分的传递肯定受阻,怎么可能花多香浓呢?传说又怎么可以当真? 一些人总喜欢将自己的意愿强加给植物,并且还要附加上为自己开脱的理由。有谁会真正顾及植物的立场和感受呢?

如果非要说出情人节为结香带来了什么好处,我想恐怕只剩下知名度了。因为在几年前,西安没几个人或者说很少有人知道结香这种植物,更别提她是什么"中国爱情树"了。

"人怕出名,猪怕壮",对一种植物,也同样合适。

爱情,是人间最美好的情感;植物,是世间最美丽的生灵,每一种植物都有一个温暖人心的绝唱故事。"蒹葭苍苍,白露为霜。所谓伊人,在水一方。""参差荇菜,左右流之。窈窕淑女,寤寐求之。""有女同车,颜如舜华。"这些最先从《诗经》里探头的芦苇、荇菜和木槿,似乎都可以叫爱情植物,因为他们在《诗经》的爱情故事中摇曳生辉,让我们跨越千年,重温那古朴年代的美妙爱情。

如果以爱情之名而伤害一种植物的话,爱,还能心安理得吗?

面对植物,我们可以去赞叹,去欣赏,去寄托美好,但不可以站在人的立场上实施强迫。实在不行,就让它们随性自然生长好了,有没有人欣赏,植物是无所谓的。

"涧户寂无人,纷纷开且落",不也挺好?

不信? 听听植物怎么说:

你爱,或者不爱我,

爱就在那里,不增不减;

你爱,或者不爱我,

我就在这里,不悲不喜……

玫瑰，爱与包容

在所有与人亲近的花卉中，玫瑰显得很另类：容貌秀丽，却茎刺缠身。

曾经研究一项课题时，我引种了几十株玫瑰。在莳养这些玫瑰时，手不止一次被玫瑰的刺刺中流血。有那么一阵子，我甚至想，下一个课题就培育没有刺的玫瑰。

接下来，在与玫瑰的相处中我想通了：这个世界上，就没有十全十美的东西，我怎能强求玫瑰去掉它的刺呢？

况且这刺，在人眼里，是玫瑰的缺憾，玫瑰可不是这么认为的。

对于玫瑰和它的刺，希腊神话中是这样说的：

爱神一日散步，遇见了玫瑰，那时的玫瑰是纯白色的，芳香、淡雅，如邻家女孩。爱神觉得它很美，伸出手去采摘，不料就在这一瞬，一只蜜蜂从玫瑰花里飞了出来，爱神吓了一跳，举箭对准玫瑰植株就射。从此，玫瑰茎干上布满了刺，这些刺，就是爱神射上去的箭。

不久后的一天，爱神再度伸手摘花时，偏偏又被自己射上去的箭刺破了手指，鲜血滴落在花朵上，从此玫瑰成为红色……

这样看来，玫瑰从一开始被爱神相中，就不可能没有刺。机缘巧合，鲜血、爱之箭为爱情合璧，渲染出"爱的代言者"玫瑰。

在人类出现以前，玫瑰举出大而硬的刺，其目的和其他长刺的植物一样，保护自己不受或少受外界的侵害——警告周围的食草动物和昆虫，我不是好惹的，最好离我远点。

后来，当玫瑰荣升为表达爱情的世界通用语言后，玫瑰的茎干上，依然"写"满尖尖的刺，大概是希望用刺来"谆谆告诫"爱情吧。至少，当人类在"使用"该"语言"时，是小心翼翼的，不会那么轻而易举，随便就可以获取。

玫瑰没有料到，自己身上勇敢对外的刺，自己好心好意的语言，却成了人眼中碍手碍脚的羁绊。人和植物的世界观不同啊。

许多人因为玫瑰有刺而抱怨，假如换个角度，将玫瑰想成是从刺里开出的花朵，就像荷花是从污泥里绽放出来的一样，是否会多些感恩呢？

我开始尝试着从这个角度看玫瑰，带刺的玫瑰，真的给我带来了很多欣喜——和娇艳的玫瑰相处时，我常常忘记了自己是在工作，看到玫瑰绽开精致的容颜，瞬间就拥有了和它一样美丽的心情。在玫瑰醇美、芬芳、绵长的香味里穿行，任它的香味如丝绸般覆盖我、充满我……人间的香水大师，能调配出如此宜人的味道么？

玫瑰发出的香味，是玫瑰吸引传粉者的手段，在这香味的导航下，蜜蜂、蝴蝶开始心潮澎湃地上路了。玫瑰艳丽的色彩，则是这个时候指引访花者的绚丽"灯塔"。这香味的广告和灯塔是如此的醒目，当然会招惹来众多的食草动物，还有人。

这个时候，没有玫瑰身上硬刺的抵挡，那娇艳芬芳的花朵，处境该岌岌可危了！喜爱玫瑰花的人，大约连一睹芳容的机会也没有。

我终于明白，艳丽、芳香和硬刺，对玫瑰来说，缺一不可。

如果非要站在人的角度看玫瑰，那就将玫瑰拥有的刺，看成我们自己人格中别人无法容忍的特质好啦。尽管，这特质没什么不好，而所谓的好与坏，也只是站立的角度不同罢了。

真正喜爱玫瑰花的人，是可以承受它的刺以及偶然的刺伤的。如同爱一个人，会包容他的所有。因为，这个世界上，没有十全十美的事，更没有十全十美的人。

菊花范儿

菊花，大家都不陌生。在植物这个大家庭里，菊科植物可是名门望族呢。

从初春到秋末，菊花那由舌状花围成的紧密而优秀的大脑袋，在公园、街头、山野、湖畔，随处可见。

"菊"，古时也作"蓻""鞠"。所谓"蓻"，就是用两只手捧着一把米。菊花的头状花序生得十分紧凑，"蓻花"，即是紧密团结之花。平时被看作是一朵花的，实际上是一个类似于"大脑袋"的头状花序，由几十朵小花密集长在一个扁圆形的花托上组成。被人们叫作一片"花瓣"的，才是一朵真正的花。

没有哪一类植物能比得上菊花，可以在春、夏、秋三季里，你方"唱罢"我登场；也没有哪一类植物，能像菊花那样姿容万千、占尽芳华——全世界有二万到二万五千多个菊花品种，中国也有七千个品种以上呢。瞧，这真是一个让人惊叹的巨大家族！

上到"皇室贵族"，下至"平民百姓"，每一种菊花，都有型有范，形形色色的菊花 Style，不仅为我们提供食品、饮品和药效，还奉献美丽、魅力、哲学乃至幸福。

初春，最早从泥土中钻出的菊花，是雏菊。在西北料峭的寒风里，大多数植物还沉浸在冬眠的美梦中，雏菊那圆嘟嘟、毛茸茸的笑脸，已在太阳下，现出不自禁的兴高采烈。有时，初春的寒气，会在雏菊的身上凝结成一层白霜，可那一张张无邪的笑脸，却从不因寒冷萎靡退缩，太阳升起来时，抖落白霜，依然笑得开心、烂漫——这让我除过感动，也会为自己的懦弱悲哀。

暮秋，漫天飘零的落叶和一阵紧似一阵的秋风，告诉我，这一年，绿色生命的盛宴即将过去，作为北方人，不得不面对漫长的萧瑟和枯黄。然而，菊花可不这么想。

那漫过树梢的秋风，是菊花华丽启程的集结号呢。

看，如诗赛画的菊花美眉们盛装登场啦：龙飞凤舞的、冷艳圣洁的、雍容华贵的、亭亭玉立的、小巧玲珑的，火焰般热烈，月夜样静谧，或依或倾，似语似笑，如歌如舞……任何华美的词语，用来描述它们，都显得苍白无力！任何人工秀场，和本季的菊花比起来，也都委顿了下去。一朵朵菊花，如一篇篇缱绻美文，是值得仔

仔细细品读的——菊花外表的柔媚和骨子里的沉毅，使秋天变得让人无比眷恋。

如果说这些倾城倾国的观赏菊是菊中的"贵族"，那么，从春到秋连绵盛开的野菊花，便是"平民"菊了。黄色、紫色、白色、粉色的野菊花，在路边、田埂、篱笆、墙角和山谷里，朴实、悠然地哼着山歌。用平凡的姿容，栉风沐雨，花开无言，落花无声。它们弱小的身躯相互偎依，总带着恬淡的微笑，静静地摇曳出淡泊、朴素、从容……人淡如菊，说的就是这无关风月的野菊花吧。

"朝饮木兰之坠露兮，夕餐秋菊之落英。"观赏菊花，明媚了人的眼睛后，于落英缤纷时，依然可以走上餐桌，在杯盘中化作美食，继续明媚人的口和胃。

杭白菊、黄山贡菊、甘菊等，甚至愿意在人类的茶杯里，与沸腾的开水共舞，用那份泰然的姿态、表情和清香，清爽人的眼眸身心，缓解人类的眼睛干涩、视疲劳、视力模糊等……

产于安徽亳州的亳菊、滁州的滁菊、河南北部的怀菊、浙江德清的德菊和四川中江的川菊，肯定不介意人类说自己是一种天然的药物。口干舌燥、头晕目眩、目赤肿痛等症状，在这些菊花的眼里，都是"小菜一碟"。喝几杯菊花茶，晚上枕菊花枕入眠，就 OK 啦——这恐怕是唯一浪漫且叫人喜爱的治疗方式吧。

菊花，另一个最得意的兼职 Style，是"延寿客"。光绪三十一年十一月，御医张仲元为慈禧制作了"菊花延龄膏"，深得慈禧的欢喜。当然，菊花虽有延寿功效，喝再多延龄膏的慈禧，也不可能一直活到现在。但这并不妨碍这些古代的"延寿客"，在今天依然被人类应用于疏风、清热、明目、益寿和解毒，也不妨碍人类在散发着菊香的睡梦里，把祛病强身、延年益寿这样的重任，全权交付给小小的菊花。

呵呵，身体健康的人，是可以把菊花看作美女，看作君子的。甚或，也可以像陶渊明先生那样，将菊花与东篱和南山联系在一起，吟咏出幸福的闲情逸致："采菊东篱下，悠然见南山。"

红蓼醉清秋

上中学时，在一本类似《中国历代画作精选》上看到红蓼时，着实吃了一惊，小河边普普通通的野荞麦，被我们叫作"狗尾巴花"的家伙，竟然有一个雅致的名字：红蓼。因为，那幅一花一鸟一水的工笔画，名叫《红蓼水禽图》。

隔了这么多年，我依然可以清晰地记得那幅画面：通体赭石色的背景，一只褐色的水鸟站在被压弯了腰的红蓼枝条上，窥视着水里的鱼虾，伺机而动。红蓼上点点盛开的粉红色花朵，是画面上仅有的亮色。

后来，还是在画册里，相继看到了著名的"文青"皇帝宋徽宗赵佶的名作《红蓼白鹅图》，清代马荃的《红蓼野菊图》，齐白石大师一人至少画过五幅红蓼：《红蓼双鸟图》《红蓼群虾图》《红蓼彩蝶图》《螽斯红蓼图》《蟋蟀红蓼图》……

从此，我看红蓼的眼神里也多了几分欣赏。红蓼多生在田埂水畔，枝茎细长错落，蓼叶扶疏，枝节处泛出淡红。花开时节，玫红、粉红低垂的穗花，在秋风中摇曳时，犹如小姑娘抿嘴巧笑，的确符合国画含蓄、简约的审美。

再后来，发现红蓼不仅明媚在画里，也芬芳在一首首古诗词中，想必"红蓼"一词，也是当时十分流行的词汇。

红蓼，的确是很古老的植物，一直是古代文人眼里的风景，映照着心事，映照着清秋。

"秋波红蓼水，夕照青芜岸。"在白居易的眼里，水塘边若没有红蓼，秋天的水面便没了神采。"老作渔翁犹喜事，数枝红蓼醉清秋。"遍赏名花的陆游，老来觉得几枝普普通通的红蓼，也能令他陶醉。《西游记》里也有"白苹红蓼霜天雪，落霞孤鹜长空坠"等关于红蓼的文字。"江南江北蓼花红，却是离人眼中泪"，琼瑶阿姨借笔下紫薇之口，道出了千百年来离人执手天涯的无奈，让人扼腕叹息……

在我的印象中，河滩上红蓼最大的用途，是夏天将它收割回家，晾干后驱赶蚊蝇。只是它的气味太过辛辣，熏蚊蝇时间长了眼睛受不了。夏季的夜晚，一家人坐在院子里乘凉时，会点燃晒干的红蓼驱蚊，红蓼的茎节在燃烧时"噼里啪啦"的声响，如儿时元宵节晚上手中点燃的"鸭子下蛋"。多少年后，每当我点燃蚊香或是插上驱蚊灯时，耳边总想起当年红蓼燃烧时轻微的噼啪声。

红蓼绝对没想到，自己鼓捣出来驱赶食草动物的化学物质，被人类开发出了好多用途，不仅驱蚊，而且用于食疗的佐料——人在煮鱼时会把红蓼叶子塞进鱼腹里祛腥。蓼蒿和葱、蒜、韭、芥，谓之"五辛"。不知从何时起，红蓼还肩负起治疗疾病的责任，如祛风除湿、清热解毒，治疗痢疾腹泻、水肿痈疮等。《本草纲目》记载：五辛菜，乃元旦立春，以葱、蒜、韭、蓼蒿、芥辛嫩之菜，杂和食之……常食，温中去恶气，消食下气……

据说，春秋时期越王勾践"卧薪尝胆"的典故中，其"薪"不是任意植物的薪柴，而是红蓼。"卧薪"是"目卧则攻之以蓼薪"，也就是说勾践在疲倦困乏的时候，会用红蓼的辣，来刺激一下眼睛，眼泪流下来后，人也就清醒了。勾践用这种方式，时刻提醒自己不要懈怠，不要忘记家仇国恨。所以说，在吴越之战中，红蓼功不可没，也在"卧薪尝胆"的故事里，催人奋进了千年。

文学艺术中的雅与生活的俗，像两条潺潺的江河，在红蓼身上神奇地合二为一。故乡的小河，也因红蓼的点缀，从此永远诗意地流淌在我的记忆里。

西安植物园的药用植物区，也种植着一片红艳艳的红蓼，国庆期间，陪几拨朋友转悠，竟然没有人能叫得出它的名字。现代技术和网络，将人和自然隔得越来越远了。

最近在网上看到过一个提议，欲将红蓼设为中国的国花。

理由有三：一来生命力旺盛，寓意国运亨通；二来不择土壤，东南西北都有它的身影，寓意和谐、安宁；三是重在籽实，象征食粮（如水稻、小麦、谷子等），是人民生活赖以生存的基础。

呵呵，想想也确实是这么回事。

在这个草根文化蓬勃发展的时代，有人推选红蓼做草根派国花，我自然毫不犹豫地点赞。

凤仙花带我经历初夏

6月，西安的夏天还没有真正到来。百卉苑成千上万场花儿的婚礼后，渐渐有了绿肥红瘦的感觉，白天阳光潋滟，夜晚舒爽宜人，这是植物园最好的时光之一。

傍晚在园中石子路上散步时，女儿朝朝问我，指甲花开了没有？自从去年端午节放假，给她用凤仙花的花瓣染红指甲后，在她眼里，这会儿，可以染指甲的凤仙花远比晚霞、花香和清风有趣多了。

用凤仙花染指甲，也是我童年的一大乐趣，那鲜红可爱、数月不褪的蔻丹，曾是童年最耀眼的化妆品。

傍晚，满园锦绣，唯有凤仙花能唤起我对童年的莞尔一笑，我怎么能让朝朝错过呢？

小小一片凤仙花，背依一大丛鸢尾，静悄悄地在风中摇曳，桃叶般细长的叶下，层层叠叠的花朵探头探脑，水灵灵的色彩，似乎随时会从花瓣中滴落。暮色中，身着红花、粉花的凤仙，分明是童年一起嬉戏打闹的玩伴。

"俗染纤纤红指甲，金盆夜捣凤仙花。"当凤仙花的娇艳，伴着明矾或食盐的温度烙印在小小的指甲上时，凤仙花，在许多人的记忆中便挥之不去了。

花，不一定要高贵，也不一定要妖娆，但一定要独特。花如此，人也该如此吧。

"妈妈，指甲花打我呢。"呵呵，之前没告诉女儿，凤仙花毛茸茸的种荚，具有奇异的活力和能量。成熟时，只要轻轻一碰，就会因为痉挛性收缩，以不可思议的初速度，弹射出很多籽儿。急着摘花瓣的朝朝，怎能不挨打呢？

然而，凤仙花的这种性格，却分明迎合了孩子调皮的心态，待她知道了缘由，反而专注地挨个儿去碰凤仙的种荚。看着鼓鼓的种荚，在自己的手下一个个砰然炸裂，荚瓣向内卷弯收缩，将种子依漂亮的抛物线弹出，朝朝乐得手舞足蹈。

此时的凤仙花，也一定特别高兴，它的目的达到了——凤仙的子孙在朝朝的触碰下，奋力弹射到更远的地方，一些种子的射程可以达到一两米。

我曾经在显微镜下，认真观察过凤仙花神奇的果荚，试图发现其活力的根源，但我看到的只是卷曲了的荚瓣，我触摸不到它发力的神经。

与植物打交道多年，自以为最了解植物，却始终无法解释这神秘的力量。这未知，或许正是植物吸引我坚持了解和研究它的魅力所在吧……

站在凤仙花的立场上，它的英文别名：Touch me not（中文意：别碰我），该有多别扭！我想凤仙花如果会说话，它肯定主张：叫我"Touch me"好了，把后面的"not"去掉！

当初给凤仙花起名的人，绝对不了解凤仙花的心思，也低估了植物的聪明智慧。

凤仙花种子虽然性子急，凤仙花的性情却是低调、安静，甚至随和的，不择土壤，随时随地都可以发芽、开花、结果。

温婉的凤仙花怎么选择了充当射手？这，是她用智慧扩大地盘呢。

在如何"开拓领域"方面，植物的智商远远超过人类。植物世世代代都在与"无法走动"的命运抗争着，为此，它们发明了花朵，发明了香味，发明了甜美的果实，发明了会飞、会发射、会爬行的种子。目标只有一个，利用昆虫，利用风，利用鸟，利用动物等一切可以利用的传媒，将种子运送到更加宽广的领土上。

此刻的朝朝，在凤仙花的眼里，就是一个可以帮她运送种子而又自得其乐的"媒介"。

正是由于无法走动，植物最大的竞争对手是自己的亲戚，甚至是母亲！想想看，一棵树上成千上万颗种子，如果都掉落树下，将是多么可怕的事情——一场关于土地、阳光、肥料的争夺战会不可避免地在家族中残酷上映，而结果显而易见——种子们要么腐烂，要么注定在不幸中萌发。

因此，千百年来，植物妈妈们一直不屈不挠、想方设法为子女"设计制造"远行的装备——枫树种子的螺旋桨、苍耳的钩刺、蒲公英的降落伞、莲蓬的临时航船等等。妈妈们借助"高科技"，鼓励支援孩子们离家出走——如果人类在这点上可以超越植物的话，"窝里斗"这个词恐怕早就从我们的眼前和嘴边消失了。

没有学过物理的凤仙花、枫树、苍耳和蒲公英们，怎么这么了解机械动力学的原理？这么独特、聪明的发明是怎么想出来的呢？当植物在地球上现身时，还没有人类，更没有可以借鉴模仿的对象，植物这些小小的创造发明和令人惊讶的手段，是怎样在黑暗中摸索？遇到怎样的障碍？经历过多少次失败？以怎样顽强的毅力，一步步变成我眼前的这个样了呢？

一粒被朝朝碰触了的凤仙花种子，射落在我的小腿肚子上，关于植物智慧的思索，戛然而止……

从认识部分植物开始，到知晓几千种植物的秉性和心思，植物早已融入了我的日常生活。与植物相处越久，越能够体会它们的聪明智慧以及无处不在的完美。我想，对于植物，对于眼前的世界，我开始有了一点了悟。

　　看着晚霞中的凤仙花和女儿朝朝，我微笑着，心想：是你们，给了我快乐、执着和不懈探索的动力。

　　这个傍晚，一丛有趣的凤仙花，带我经历了童年、植物的智慧和初夏，让我感觉大自然和我的喜乐同在，与我的职业同在。

白菜花花

9月初，南瓜枯萎后，我在阳台上的蔬菜盆里撒了一把白菜籽。

几天后，拥有两片叶子的小菜苗争先恐后地钻了出来，二尺见方的蔬菜盆被小绿叶铺得满满的，一如我心头满满的喜悦。

知道白菜是喜水的，于是，每个傍晚，我会把晾置了一整天的自来水端给它们喝。这可是挺特别的待遇呢——别的植物大概三天喝一次，多肉多浆植物一周才喝一次。

许是要报答我的勤快吧，小白菜们齐刷刷地往上窜，往高长，一天一个样，你拥我挤，郁郁葱葱。仿佛在喊：我要长高，我要变大。

尺余的蔬菜盆显然太小了，望着瘦瘦高高的白菜，再不忍心间苗也要动手了。当然，被间掉的白菜苗，无一例外的，都躺到了我的盘子里。

浇水——间苗——浇水，是接下来我一直重复的"田间"劳作，直到我的蔬菜盆里，只剩下两棵白菜。哦，该叫两朵花才对的——带蕾丝边的翡翠花瓣，沿中心错落有致地排成几圈，层叠得恰到好处，如同一对"并蒂"开放的绿莲花。我仔细数过，这两朵双胞胎一样的绿"花"，各自拥有 25 个"花瓣"，这也应该是今年白菜们拥有叶片的最高纪录。

这一天，是我播种后的第 40 天，刚好吻合我的书本知识，也就是说，我的大白菜刚刚度过了"莲座期"，接下来，白菜会给自己放 10 天假，休息一下——"蹲苗"。休整过后，"花瓣"渐渐合拢，最终"包心"长成一个厚实的叶球。说真的，我是希望这个漂亮的"莲座期"长一些，再长一些的！

那时，我正好读到了李渔的诗："拨雪挑来塌地菘，味如蜜藕更肥浓。"菘是大白菜古时的叫法。对于李大才子如此的夸张，我是有看法的，白菜们也未必领情——比起蜜藕的人见人爱，白菜的甜和脆是淡然、若有若无的，恰如人中君子的从容、淡定和坦然。"肥浓"这个词，显然不大适合清清爽爽的白菜。

我想，白菜可能会喜欢"鱼生火，肉生痰，白菜豆腐保平安"这样的大实话吧。或许，它也在意"百菜不如白菜""白菜是块宝，赛过灵芝草"如此这般实至名归的

表扬。

10月下旬，霜冻快要到西安来了。我的"大莲花"还在"蹲苗"，尽管我是祈求过"莲座期"长一些的，但到这个时候，白菜们如我所求，能沉得住气，我反倒着急了——它们怎么还不开始"包心"生长呢？是品种问题，还是偷懒，抑或是当初我太勤快，浇水过多了？

唉！这对"并蒂的绿莲花"，这会儿全然不顾及我的担忧，阳光下依然如花朵般舒展。

实在等不及了，一个周日，我从白菜心开始，小心翼翼地把叶片朝中心翻过来，一片包住一片，就像使一朵盛开的花，回到它当初的含苞模样。担心白菜不听话，整个包裹完后，我用一根线绳将它们轻轻系住。当我这样做的时候，心中不免担忧，绑扎下的白菜会不会觉得委屈呢？但很快我发现，白菜肯定理解了我的意思——随着气温骤降，白菜开始抱团生长了，而且越长越结实，叶片紧紧地包裹在一起。慢慢地，那根系着的绳子变得多余了。半个多月后，我那长方形的蔬菜盆里，优雅地站立着的，是两个头大脚小、可爱的圆台体——嗯，这才是我心目中的白菜。

多么善解人意的白菜哦。

生活中，若许多事站在对方的立场上，用心体量其心情和难处，用涌泉回报滴水之恩，那么结果肯定皆大欢喜——呵呵，这想法，也是从我的白菜盆里"收割"的。

收割的还不止这些呢。进入冬天了，当我将其中一棵我种的白菜，炖、炒、烹、煮着吃完后，找出一个玻璃盘，盛满三分之一的清水，把白菜根放进去，然后放在家里阳光最好的窗台上。

日日加水，不几日，白菜根部的形成层那儿，开始长出了白色的根牙，两三天后，纤细袅娜的根须便在水里四面荡漾开来。然后，在白菜帮子的根部，接连长出了许多绿叶，很快从绿叶中抽出一根绿薹，头顶的小杈上缀满了米粒大的绿色花蕾。

一天早晨，我睡醒后发现，白菜开花了。青翠的绿叶顶着明黄色的小花，闪耀出十字花科植物特有的光芒，春色般流泻在我的房间里。只这一簇娇艳的黄花，轻易地就挡住了季节——窗外的雪片和窗棂上的寒霜，都被挡在另一个世界里，与我无关啦。

白菜的善解人意和竭尽所能的奉献，让我面对任何一种植物，都充满深深的敬意。

02

第二辑
生存的哲学

柳树，刚柔相济

　　春天的气息，是从"吹面不寒杨柳风"中透出来的。

　　"五九六九沿河看柳"，其实，这个时候，冬天还没有真正走远。环顾四周，大多数植物依然"洗尽了铅华"，举着光秃秃的枝丫，在沉睡中躲避寒冷。而此刻，柳树柔软的枝条上，已经冒出了二月春风裁剪出来的新叶。

　　五九、六九，西安地区的温度大多徘徊在 10℃。10℃，已经远远超出了一般阔叶植物对于寒冷的理解力，能够有勇气在这么低的温度里萌发的植物，一定具备强大的内力和坚毅的品格，值得用尊敬的目光去欣赏的。

　　寒风依然料峭，行走在柳丝的青纱里，感觉眼里有一朵朵朝霞突然停住，新叶葳蕤的光，逐渐点亮了我的眼睛。心，便也热热地跳起来，和新叶一样，怀了莫名的悸动。

　　在初春，随手折一段柳条，插进泥土，不久，它就扎了根；不久，就有嫩嫩的叶子冒出来；不久，纤细的柳条子就会伴随一阵清风舞动……俗语"有意栽花花不开，无心插柳柳成荫"说的该是柳树具备强大的生命力。就柳枝扦插而言，无论是将插条正着插入泥土，还是倒插进去，一段插条，都会孕育成一株柳树，从而形成一片绿荫。柳树生命的强韧，完全可以突破一切生长环境的困境呢。

　　能这样见土即生、随遇而安的生命，自然不会让人把它和"娇贵"二字联系起来。

　　故而在一些大人物的眼里，柳树是很受欢迎的。曹丕称柳树为"中国之伟木"，在宫庭院内郑重栽下一排排柳树；陶渊明亲手栽植了五棵柳树，时常徘徊在柳荫里衔觞赋诗，人称五柳先生；左宗棠任陕甘总督时，在东起潼关、西到新疆沿途广植柳树，从那时起，"新栽杨柳三千里，引得春风度玉门"，百年之后，河西走廊上的左公柳，依然年年秀苍劲，笑春风……

　　柳树的阳刚，还表现在冬之将至时。

　　西安的春秋短、冬夏长，是尽人皆知的。可柳树不管这些，如果单看柳树，你不会觉得春没到，秋没走。当一阵紧似一阵的凛冽秋风漫过西安的天空，"草拂之而色变，木遭之而叶脱"，周遭看上去比柳树威武健壮得多的树木，纷纷褪下葱茏的绿叶，一派颓废的模样，哪里还有胆量与风霜较高下？倒是我们眼中婀娜羸弱的柳树，临危不惧，千丝万缕的柳条，依旧身披翠纱，在风霜寒气中劲舞。

柳树是幸运的，天性坚韧的它曾得到过帝王的首肯。相传公元 605 年，隋炀帝杨广下令开凿"通济渠"时，就提倡在大堤两岸广种柳树，一来添绿遮阴，二来坚固河堤，并御笔亲书，把自己的"杨"姓赐给柳树，让柳树享受与帝王同姓的殊荣。从此，柳树有了"杨柳"的称号……

如果要用"婀娜"形容一棵树，只能是柳树了。

"昔我往矣，杨柳依依"，从《诗经》里走出的柳树，如一位曼妙的少女，带给人无尽的遐思；"袅袅古堤边，青青一树烟"，诗人雍裕之眼里如烟的柳树，是风中的仙女；"一树春风千万枝，嫩于金色软于丝"，看哦，新柳既嫩又柔的神态，在白居易的诗行里呼之欲出；"碧玉妆成一树高，万条垂下绿丝绦"，至此，柳树的柔美，似乎就定格在贺知章的这一千古名句里……

当然，凡夫俗子要体验柳树的美，最好是站在环城西苑的护城河边。夕阳下，两岸袅袅的细柳，在微风里长袖轻舞，如镜的水面上柳影摇曳。当柳条无意中拂过面颊时，你会忍不住想作诗，或者想轻声地朗诵一首诗。站在稍远处，透过如烟的垂柳，瞭望古城墙和护城河，或许还会有点儿恍惚，自己是如何走进这幅悠然的水墨画中的？

柳树的空灵流丽，会让一颗奔忙的心跟着柔软下来。

柳树，也常常让我想起中国古代的铜钱，外圆内方——柔情似水的外表下，深藏着一颗坚强的心。

柳树，早就懂得道家文化吧，否则，它怎么会将刚柔并济运用得这么好？

紫薇，不开则已，一开惊人

几乎所有的花儿，都要赶在春天里秀一把，桃红柳绿，莺歌燕舞，热热闹闹，唯独紫薇，一副沉睡未醒的模样。光秃秃、滑溜溜的枝丫里，挤出为数不多的叶子，像是在懒洋洋地打着哈欠。这情景，真叫人着急，担心它会萎靡下去，再也开不出花来了。

紫薇，可真够沉得住气的。

初夏，群芳的激情，在一日烈过一日的骄阳下慢慢退去，曾经的姹紫嫣红，纷纷香消玉殒，逐渐化为尘，化为土……似乎正应了那句俗语："人无千日好，花无百日红。"

然而此刻，仿佛刚从梦中醒来的紫薇花，用让人惊诧的、长达三个多月的花期，告诉我：我们一直信奉的俗语，也有不周全的地方。

紫薇花是聪明的，它懂得在繁花落尽的季节闪亮登场——"盛夏绿遮眼，此花满堂红。"这种拾遗补阙般的智慧，足以让所有人眼前一亮。

花期选对了，对紫薇来说，只是它计划中的第一步。接下来，紫薇凭借漫漫冬日里的厚积薄发和傲人的毅力，从7月到10月，花开不绝，完完全全颠覆了人类"花无百日红"的观念。要知道，日本樱花的花期大约是一周，牡丹、芍药的花期最多十天，丁香花花期够长了，也不过一个月。

不光花期超长，紫薇的花朵也很漂亮。紫薇、翠薇、银薇、赤薇……光听听名字，眼前已是姹紫嫣红了。每种紫薇花瓣，都有蕾丝花边般好看的皱褶。一瓣瓣、一朵朵兴高采烈地挤在一起，簇拥成一团团燃烧的绣球。紫色、玫红、粉红、粉白的花朵，悬垂在有着优美弧度的枝条末端，风过处，枝动花摇。这大团大团的娇艳，在满眼的翠色中，既惹眼又喜庆，从我们的眼前，一直绽放到唐代大诗人白居易的诗里："紫薇花对紫微翁，名目虽同貌不同。独占芳菲当夏景，不将颜色托春风……"宋代才子杨万里对紫薇花也赞赏有加："似痴如醉丽还佳，露压风欺分外斜。谁道花无红百日，紫薇长放半年花。"

长放半年花娇艳的紫薇，不仅明媚了文人们的诗句，也成功跻身皇家园林，人们尊它为"百日红"。如今，几乎每一座城市街道两边的行道树中，都摇曳着紫薇红艳艳、粉嫩嫩、蓝莹莹的笑脸，摇曳成一路上炫目的美景。

在别的花争奇斗艳的时候，甘于寂寞地积聚能量的紫薇花，修炼出了一条与众不同的路，同时也修成了一条种族昌盛的光明大道。如果说耐得住孤独寂寞，是紫薇修炼的根须，那么紫薇的成功，就是寂寞开出来的花，寂寞有多长，花期就有多长。

紫薇花事如此，人生亦当如此。

寂寞、孤独是成功必不可少的底片。"无意苦争春，一任群芳妒"是陆游曾经的寂寞；"博观而约取，厚积而薄发"是苏轼曾经的寂寞；"宝剑锋从磨砺出，梅花香自苦寒来"是朱熹曾经的寂寞；"不以规矩，无以成方圆"是孟子曾经的寂寞……

很多时候，我们就是那株在群芳争艳时依然干枯的紫薇，面对的是不理解、嘲笑甚或打压，只有像紫薇那样，忍得住寂寞，才能真正坚守自己的目标，才能在孤独中积蓄能量成长壮大，才能最终获取成功。

含羞草，聪明反被聪明误

女儿朝朝三四岁时，最爱去植物园温室，因为那里有几盆能逗她玩的含羞草。

在朝朝小手的点触下，含羞草会害羞似的合起两排细小的羽状叶片。当她让第五盆含羞草把小脸全藏起来时，第一盆含羞草又顽皮地抬起头，仿佛在说："哈哈，我在这儿呢。"

这该是朝朝幼儿时一段多么好奇、有趣而又愉悦的时光啊！

好玩、温柔、羞怯，都只是站在人的角度看含羞草，含羞草可不是这么总结自己的。

在含羞草的老家南美热带地区，不经意间就会遇到狂风或暴雨，如果含羞草不是在刚碰到大风或雨点时，就把叶子合起来，降低受力面积，猛烈的暴风雨就会摧毁它那娇弱的枝条和叶片。

为了让自己少受伤害，含羞草练就了敏感的自保反应——受到刺激 0.1 秒后，开始产生闭合运动，几秒钟内完成。刺激在含羞草身体中传递速度也相当快，可达到每秒 40～50 厘米。在植物王国这个大家庭中，含羞草算得上是智慧、敏捷的佼佼者了。

在含羞草叶柄的基部，有个水鼓鼓的薄壁细胞组织，叫"叶枕"。平时，叶枕里装满了液体。当叶子受到触动时，叶枕下部细胞里的水分立即向上部和两侧流去，于是，下部像泄了气的皮球似的瘪下去，上部却像打足气的皮球般鼓起来，叶柄顺势下垂合拢，看起来就像是羞答答地低下了头。等平静一会儿，液体慢慢渗入薄壁细胞流回叶枕，叶枕依靠膨压，让叶子重新抬起和展开，含羞草就又抬起了头。叶片恢复的时间一般为 5～10 分钟。

对含羞草来说，敏感的闭合防卫是它活下来的法宝，也是物竞天择的结果，但我看它，怎么都有点防卫过当。

一阵风，一滴雨，一触碰，甚至是翩翩蝴蝶的站立，都会引起含羞草神经质般的害羞，那么，它哪里有精力顾及如何发展自己，如何拓展领域？

太过娇惯自己，即变成一种羁绊，这也是含羞草永远不能够壮大的根源。娇小的含羞草肯定也没有想到，它的矜持与怯懦，反而成为人类把玩的借口，可谓聪明反被聪明误吧。不时地缩手缩脚，何谈壮大？谁见过长成一棵大树的含羞草？

人也一样，疑心重重、患得患失、瞻前顾后的人，虽然少犯错误，但却很难获得成功。

枸杞，功夫在根基

稀疏的枝叶间，缀满了密匝匝的红果，有点不堪重负的样子。这是宁夏枸杞映在我记忆中永远的"印象"。

毕业实习那年，我两次"拜访"了当地特产枸杞树，一次春季，一次夏末。

春季的枸杞花，开得热烈、纯情。紫红色五角形的小花，娟秀中透出喜不自禁的灿烂，在宁夏的蓝天下，在稀疏的枝头和高原的风里，扬眉展笑。花香淡淡的、悠悠的，如同我第一眼看到它们时吐露出的小小惊喜一样。

几位杞农在枸杞田里打理果树。他们正在掰掉枝条上密集的刺，用他们的话说，是在掐尖、抹刺芽子，这枝刺太旺的话，容易把开花后坐果的果实顶掉。

哦，还是杞农最了解枸杞树。在半沙质化的土壤里，能被果树吸收的营养本来就少，若大量的枝刺分流水肥，轮到枸杞子，所能享用的便不多了。

这年夏末，枸杞成熟时，我又一次来到枸杞田。

这次，枸杞树拎着满枝满杈的红果，沉甸甸地点头：又见到你啦。

挂在曲虬枝干上鲜红透亮的枸杞，像粒粒精巧的红玛瑙，在阳光下熠熠闪光。我忍不住伸直了手指轻轻抚摸，枸杞特有的清凉瞬间溢满全身。

不到枸杞树跟前，我绝对想不到，矮矮的树枝上，竟可以悬挂成千上万粒枸杞！这情形，让人凭空为它担心，怕它一年把一生的果子都结了。

也忍不住想探寻枸杞妈妈多产的秘密。

返回的途中，一位在沟坎边挖"地骨皮"的药农，为我揭开了谜底。

地骨皮，就是枸杞树的根皮，可以入药。北宋文豪苏东坡先生在《小圃枸杞》中夸赞枸杞树："根茎与花实，收拾无弃物……"想必，苏大才子涌泉般的才思里，也有枸杞树的一份功劳吧。

枸杞树指头般粗细的一条根，在地底下一窜就是好几丈，甚至更远。药农说，他从来没有挖出过一根完整的地骨，不是不想挖，而是力不从心。在他的记忆里，从来就没有人把一根地骨真正挖完过，即使再贪心的人，也没有这个能力。

枸杞树的根，实在是长得太长太深了。

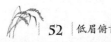

"根深叶茂"，用在枸杞树上，该是"根深果繁"。枸杞树，用它那超越人想象力的深根，汲取了太多大地的精华。这一刻，我似乎也明白了枸杞子能够祛病延年的道理。

为了让枸杞树茁壮成长，根不惜将自己的身体扭曲，为的是探到更深的地下，寻找更多的养料与水源。为了让树多多结果，根努力让自己向前、向前、勇往直前……

原来，枸杞树上宝石般累累的红枸杞，功夫在根基呢。

枸杞树根与果的关系，大概揭示了世间所有付出与得到的奥秘。人们只青睐枸杞美艳有营养的红果，岂不知黑暗泥土中的根，付出了多么艰辛的劳作。

你的付出还那样多吗？你的所得还那样少吗？生活中，当我觉得自己的付出多而所得少时，就吃几粒枸杞子，在它那甘甜的美味里，会掠过一棵棵被果实压弯了的枸杞树，会掠过枸杞树下寂寥而无比奋勇的根。

我做得比枸杞根多吗？我有它那样努力吗？

想到这里，浮躁的心，会一点点沉静下来……

韭菜，大不了从头再来

春节前，从有一方院子的二姐处，要了几十窝韭菜根，被我安置在南阳台外网购的蔬菜专用盆里。自此，个性鲜明的韭菜，正式成为我家"阳台农场"里的一员。

开春，就有几颗嫩嫩的绿芽率先拱出盆土，在我每日不间断地浇水后，小韭苗如一个个灵动的音符，争先恐后地冒出来，才几天工夫，四四方方的蔬菜盆里，一层绿浪似的菜苗，在微风里开始"大合唱"了，阳台上弥漫出春的气息和蔬菜的馨香。

春日里，一个周六的早上，我用"韭菜炒鸡蛋"的香味，轻易就唤醒了周末喜欢赖床的女儿，这"头镰"韭菜的功绩，的确非同凡响。当我用剪刀剪下带着露珠和阳光的韭菜时，拥有着与农人挥舞镰刀收割麦子时同样的喜悦。

"夜雨剪春韭，新炊间黄粱。"和着"春韭"的"新炊"，不用闻，单是想一想，便让人垂涎。

剪掉韭菜时很担心，这流着绿汁的短茬处，还能够长出新苗吗？此后，一连几天，我天天到阳台上观看，同时恶查资料。

《说文解字》告诉我："韭，菜名，一种而久者，故谓之韭。"

真佩服古人，一个"韭"字，既象形又会意。下面的"一"，"地也"，表示韭菜植根在大地上；"一"字上面的"非"，表明可以收割三次，三和九，在传统文化中指"多"——意为一茬茬地连续收割后，韭菜，还可以再次生长。

百度说：韭菜的根是圆锥形的鳞茎，鳞茎里的养分特别充足，能不断地生长出新叶来。

这个说法我并不赞同。拥有球形鳞茎的植物多了：郁金香、风信子、百合等，这些鳞茎大、营养特别充足的种球，长出的叶子被割掉后还能重生吗？答案几乎是否定的。

我比较赞同《植物学》的观点："韭菜生长时，不是叶尖在长（顶端分生组织），而是鳞茎中心的生长点持续生长，即'基生分生组织'活动的结果。"——韭菜被割后，因鳞茎内还贮藏着大量养分，在基生分生组织的作用下，新叶就又长出来了。

呵呵，我家的韭菜，大约是知道我发现了它们的秘密，在被割一周，养精蓄锐

后，陆续又从断茬处探出头来，这一次，长得更壮实，更茂盛啦。

如此这般，一年中我收获了好几茬韭菜呢。

人的一生中，也有好多次的"从头再来"：大到婚姻、事业，小到一篇不满意的文章、一个没写端正的字……

以一颗平常心，看待人生的起落吧，只有敢于承认失败、敢于从头再来的人，才能最终创出一片新天地。

最糟的情况，不过是如韭菜般，从头再来！

番木瓜，左右逢源

做男人做腻了，换个性别玩玩？

真的要实施起来，恐怕会发现这不是一件简单的事情，要在身上动刀子，要终身服用雌性激素，要能够承受别人异样的目光……人妖的短寿和嘶哑的嗓音，这一切的一切，明摆着：人类的变性，一点儿也不好玩！

关于变性，在一些植物看来会简单很多。不用做手术，无须服药，不必在乎别人怎么看。环境变了，性别会随之改变，由雌株变为雄株，或者是由雄株变为雌株。环境再次改变时，还有可能再变回去。

"岭南果王"番木瓜，就是这样一个在性别方面能左右逢源的"高手"。在番木瓜的眼里，雌雄互变，真的跟玩一样简单。

老家在墨西哥南部以及美洲中部的番木瓜，自打一出生，家族中就分化出了雄株、雌株和两性株三种株性，能够开出五种不同的花！

三种性别的番木瓜，其实很好区分，因为它们所开的花，模样完全不同。

番木瓜性别的改变，就发生在两性株上。

雄花瘦瘦小小，没有柱头，子房也退化了。花朵没绽开时，花蕾外形像个小棒槌。当黄白色的花瓣完全张开时，花瓣末梢齐刷刷地朝一个方向翻转扭曲，像极了一个有着橘黄色花心的"小风车"，这时时刻刻想乘风而去的"小风车"，自然是无心结果的，开满这种花的番木瓜树，果农们叫它公木瓜树。

雌花体形较大，五片花瓣也扭曲着长在圆圆胖胖的子房下面，显然，雌花也有心想飞，却无力飞走。五个黄绿色的柱头，顶部细裂开来，如珊瑚般着生在既圆又胖的子房顶部。从小看大，这种花所结的果也和它的花一样，圆鼓鼓像个皮球，个儿小，皮厚肉少，籽还多，自然这样的母木瓜树也不受果农的待见。

果农最喜爱两性花，更准确的是喜爱两性花中的"长圆形"两性花，另外的雄性两性花和雌性两性花所结的果实外观不佳或直接出现畸形，一般是当不了商品的。

长圆形两性花的大小，介于雌花和雄花之间。未开花时，长圆形两性花的外表有点像带壳的花生，上下几乎一般粗细。只有这种花，才有可能结出果腔小、果肉厚、味道甜的长圆形果实，大家在超市里买到的番木瓜水果，就是这种花的果实。

但长圆形的花，未必全部可以结出长圆形的商品果，因为它善于“变性”，它会将自己的变性技能，在环境温度的变化中发挥得游刃有余呢！

当气温超过 32℃，干旱、缺肥时，长圆形的花会向着雄性花发育，这种趋雄的结果是，结出的番木瓜噘嘴皱皮，内里和外观皆差，无法食用；而当气温低于26℃，它的花又掉头向雌性花发育——趋雌，会结出皮厚、肉少、籽多、圆溜溜的瓜，同样不能成为商品果子。当然，这种变性是可逆的，性别还会随温度变回来，只有温度在26～32℃之间开出的长圆形两性花，所结的果实才能够长成我们想吃的美味。

为什么温度会令番木瓜变性？到现在为止，谜底还没有真正揭开，只知道这种变性是番木瓜的自我保护方式。但研究的阶段性成果，足以让果农从花期诊断出番木瓜的性别，在栽培的过程中提前筛选，保留有经济价值的两性株，舍弃无用的雌株和雄株。

至于，公木瓜受到创伤（如用刀砍植株或是用锄头伤根），能够引起番木瓜的变性，目前还只是民间的说法，并未得到科学证实。

人，也是环境的产物，处在竞争激烈的社会里，如果能够拥有番木瓜的“变性功夫”， 拥有它那样左右逢源的“人际关系”，不断超越自我，也就拥有了全方位、多层次的发展空间。

这，即是番木瓜给我的启示。

昙花，在瞬间永恒

昙花，似乎是一种让人伤感的花，它那短暂的花期，很容易让人联想到"红颜易衰""流星滑落""流水不复"等等对人来说无力回天的场景。

冰雪晶莹的昙花，从花蕾轻绽到凋零垂落，只有短短三四个小时，最最华美的盛花期不过十几分钟。昙花开放时，花筒慢慢翘起，外层苞衣片片绽开，馨香便从花苞内弥漫开来。在沁人的清香里，20多片洁白如玉似脂的花瓣，如电影慢镜头般一丝丝舒展，再舒展，直到露出点点鹅黄的花药，伸出菊花一样的柱头——这快要伸出花朵的柱头，似乎印证着昙花凄美哀怨的传说，是在探望它的情郎韦陀吗？

想必，谁在这一刻看到硕大美艳的昙花，都会忍不住像浮士德那样大喊一声：太美了。时光啊，请你停住吧！

但昙花，却从来没有为谁停留过。

"只恐夜深花睡去，故烧高烛照红妆。"痴情如东坡先生，用这种可爱而庄严的仪式，是否拖延了些许时光，留住了花开时刹那间的芳华？不得而知。但在这句昨日重现的诗里，我却读到了昨日的不可追回——如昙花一现，美丽的生命何其短暂！

与人的感觉和看法不同，昙花自己一点也不悲伤。昆虫家法布尔在《昆虫记》中写道："四年黑暗中的苦工，一个月日光中的享乐，这就是蝉的生活。"和蝉相比，一年的辛苦忙碌，能够换来三四个小时的歌唱，昙花或许感觉自己已经很幸福呢。

昙花，是美洲墨西哥至巴西热带沙漠中的土著"居民"，出生地的气候又干又热，到晚上就凉快多了。昙花选择晚上开花，将花期缩短，不得不说，昙花太足智多谋了。

和沙漠中的其他植物一样，昙花也把自己的叶子退化成小小的针刺，一来避免动物啃食，二来减少水分蒸腾。我们看到的所谓"叶子"，实际上是昙花的叶状变态茎，昙花派遣这绿色变态的茎干，代替叶子进行光合作用，为自己加工吃食，可谓物尽其用，一举两得。

昙花知道，当自己张开那硕大的花瓣时，水分会流失得特别快，而自己的根，从沙土中吸收水分，又是多么的不易，对于沙漠植物来说，水贵如油，须时刻牢记的。这炎热的白天，自然是不可以开花了。那就夜晚开吧，花期也要缩短——昙花的这个脑筋急转弯，被事实证明是多么的明智。白色花瓣在黑夜里最醒目，对惯于夜晚出没的"媒婆"——蛾类和蝙蝠来说，三四个小时的香味与色彩广告也足够了。沙漠中昼夜温差大，晚上八九点钟以前的高温和半夜后的低温，对开花都不利，就这个点，温度刚刚好。昙花对机会和时间的把握，实在令人叹服。

终于明白，昙花是花中的智者，那瞬间绽放的绚丽，让我感动又敬佩。

昙花一现，如同冰河解冻，春笋破土，是华丽珍贵的。不仅为我们带来瞬间的震撼，也定格为永恒的记忆。

人的一生，在历史的长河中，何尝不是昙花一现。瞬间绽放灿烂，瞬间留下永恒，该是人类追求的最高境界吧。

地动山摇的一瞬，年轻的母亲，用自己的身躯护住年幼的孩子，用弯成弓形雕塑般的身体，为孩子撑出生命的空间；小鸟落地的一瞬，网球运动员扔下球拍，托起小鸟，泪流满面，跪地忏悔，他用自己人性的光辉，照亮了人与自然爱的夜空；雷锋，在他 22 年短暂的一生里助人无数，雷锋精神从此亘古长存……

生命，正因为有了这一个个或美丽或忧伤的瞬间，才有了永恒动人的光彩！

真、善、美，都可以在瞬间永恒！

太阳花，索取与付出

阳台上的那盆太阳花（即大花马齿苋），矢志不渝的和我相伴了十个春秋。

当年培土的白色塑料盆，已经污渍斑驳，甚至不可以轻易搬动了，手动之处，花盆边缘就会因老化而碎掉。但是，盆内的太阳花，却年年新鲜美丽，光芒四射。

从清明节开始，当我在其他花盆里洒下花种，浇灌清水时，会顺带给落满太阳花种子的花盆内浇一瓢水。不用看，最先冒出绿芽的，肯定是太阳花。

刚从土里钻出的小苗，像一个个细嫩的毛衣针尖，细圆柱形的身体绿中泛红，直愣愣地竖立在盆土里，肉乎乎，仿佛含着一汪碧水。一个个挤挤挨挨的，当然，这是因为上一年落入泥土里的种子太多了。等它们稍稍大点，我会给它们间苗，否则，谁也长不大，谁也甭想开花。

接下来的工作就特别简单了，简单到每周只需浇一次透水，就可以欣赏到长达几个月的连绵花期。不像它身旁的蝴蝶兰，需要年年更换盆土，冬天时搬回室内，夏天时加盖遮阳网，热不得，冷不得，见不得干燥，易生虫害……

我常常对着盛开的太阳花出神，这是一群多么皮实的孩子啊！阳光下，只要有一盆不干涸的土，就能天天烂漫；无论脚下的土壤有多贫瘠，它们都毫无怨言，而且总是喜气洋洋。

说起来有点汗颜，过去的十年里，我没有给它换过盆土，也没有施过肥料，印象中，它们的身上也从来不生虫子，可以拔出花苗随意移栽，即使是不小心折断的一截茎叶，把它插到泥土里，照样可以焕发出新的生命，是名副其实的"懒人花""死不了"呢。

太阳花开起来也如太阳般热情，不遮不掩，只要天上有太阳，给点儿阳光就灿烂。阳光越炽烈，它开得越精神，越艳丽。或许，它真是太阳的女儿，因为它可以做到在一年中太阳炙烤大地时，直面太阳，绽放出最美的笑颜。

单独看，一朵太阳花的花期是短暂的，朝开夕谢，一天，就是一朵花的一生。夕阳西下时，它会慢慢收拢花瓣，开始孕育下一代。不必担心冷场，花盆里有无数花苞，你方唱罢我登场。每天，都有无数花蕾在等待绽放，一旦绽放起来，就像止不住的花儿的河流，从初夏流到深秋。

都说穷人的孩子早当家，皮实的太阳花的孩子早早就学会了"自播繁衍"。

太阳花为孩子们装备了相当别致的蒴果，为的是让它们可以自力更生。从外观上看，蒴果就像一个两头尖尖的细小罐子，稳稳地坐在花托上，种子没成熟时，整个小罐子密不透风；种子一旦成熟，罐子上圆弧形的小盖子会自动开裂，露出盖子下小碗里银灰色、小巧玲珑的种子。我叫它种子碗，它实在是太像一个精致的袖珍碗了，太阳花种子，就安然地躺在里面。

太阳花的种子很小、很轻，尚不及谷粒的五分之一大小，1 克重的太阳花种子中就有 8400 多粒！太阳花让种子生得如此轻盈，就是为了能让它们在风儿的协助下，飞到尽可能远的地方，安家落户。

太阳花的种子能飞多远，我尚不清楚，但我知道，自从太阳花落户我家阳台后，阳台上几乎所有的花盆中，都能够看到太阳花的身影，当然，对这些贸然闯进的不速之客，我会像对待杂草那样，请它们出局。

除非，我还想再增加它们的领地。要增加一盆太阳花，实在是太容易了。

易成活、易开花、易打理、索取少、付出多的太阳花，不由得让人想起人生，思考付出与索取的关系……

现实生活中，默默付出、不求索取的人也很多，雷锋、孔繁森、李国安等等，都是太阳花类型的代表，他们的品德得到了全社会的赞赏和学习。

付出，就像一朵朵太阳花，明媚了世界，也快乐了自己。

法国梧桐，青出于蓝而胜于蓝

我居住的翠华路上，道路旁两列高高大大的法国梧桐，不知道什么时候，在空中亲密地牵起了手。从初夏开始，勾肩搭背的两列树，用滴翠的枝叶，合围成一个清凉、舒爽的绿色隧道。茂密的、可以改变风的颜色的碧叶，潜身于淡绿色的枝丫间，每每将西安炎热的夏天，诗意地送入春天。

我知道，日日与我相伴的法国梧桐，既不是"一叶叶，一声声，空阶滴到明"的梧桐，也不是正宗的法国树。法国梧桐的叫法，源于一个误解。

法国梧桐，在植物学上有一个好听的名字——悬铃木，准确地说，叫"二球悬铃木"，是父本三球悬铃木（即法国梧桐）与母本一球悬铃木（即美国梧桐）的杂交种。

19世纪末，上海法租界门口，首次出现了许多二球悬铃木。从没见过这种树的上海人，看它的叶子像梧桐，又生长在法租界，就给它取名"法国梧桐"，就这样以讹传讹，大家也就跟着这么叫了。

张爱玲的文字里，"法国梧桐"变身洋梧桐，不时出现在小说中，渲染着主人公的心绪："白色的天，水阴阴地，洋梧桐巴掌大的秋叶，黄翠透明，就在玻璃窗外……"读来，有种苍凉的美感。

叫什么名字，对法国梧桐来说并不重要。重要的是法国梧桐的光辉，已经远远地超越了父母，以至于现在人们提起法国梧桐，已经没有"一球""三球"什么事了，专指"二球悬铃木"。

二球悬铃木，像一个有幸继承了父母双方优点的孩子，在外观和抗性方面，既有父母的优良性状，又有父母本所缺乏的杂种优势——果球，折中了父母亲的个数；叶片上的缺刻，既没有父本那样深，也没有母本那样浅；树皮上的花纹，同样汲取了父母亲最漂亮的一面，有点像淡雅的迷彩服。

最最重要的，法国梧桐有土就生，成活率极高，而且生长快，易繁殖，耐重剪，耐移植，抗烟尘，病虫害少……

有法国梧桐相伴的日子，我们的生活变得诗意盎然，街道坚硬无情的空间，也

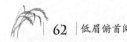

被它们的温柔填满。城市里的道路有多长，两旁法国梧桐的绿荫就有多长。父母基因的互补，让法国梧桐很快晋升为世界四大行道树的冠军。

青出于蓝，而胜于蓝哦！

不得不说，这是杂种优势创造的神奇。

在民间，自古就有"铜骡铁驴纸糊的马"一说。《齐民要术》中，将马父、驴母所生的后代叫骡子。与父母相比，骡子的身体更强壮，寿命更长，个头儿更高，更有耐力，而且不易生病受伤。曾经的茶马古道上，是极少让马匹参与到驮队中的，比马耐力强且力气大的骡子，才是真正的主力。

袁隆平院士也是利用水稻的杂种优势，解决了中国人的"吃饭"问题。

混血儿漂亮，距离产生美的说法，不是空穴来风，都有一定的遗传学知识在其中的。

保持远距离结合、杂交，后代方能生机勃勃、永续不绝——这，不仅仅适应于高等动物，同样，也适应于一些植物。

菱，求同存异

菱，原先在北方的水面上几乎难觅其踪。

最早知道有菱这种植物，缘于一则小故事《北人食菱》。

说的是北方有个不认识菱角的人，在南方做官。一次，在酒席上吃菱角时，这个人连菱角壳一起放进嘴里大嚼。有人提醒他说："吃菱角必须去掉壳。"不曾想这位老兄为了掩饰自己的无知，竟然说："我不是不知道。连壳一起吃，是为了清热解毒。"有人问道："那北方也有这种东西吗？"他张口说了句让人喷饭的话："前山后山，什么地方没有？"

呵呵，真是死要面子活受罪。这位不懂装懂的老兄，可真给北方人丢脸。

惯于生长在南方水域的菱，近年来，受科技人员的邀请，被陆续引种到西安的水面上。

投身到北方新家园里的菱，虽然在长势上暂时成不了什么气候，也没能营造出周渔《采菱曲》中浪漫的氛围："采菱莫采叶，菱叶密且齐。独有郎与妾，漂泊各东西。采菱莫采花，菱花照妾面。妾面空如花，郎面不可见。采菱莫采角，菱角芒于针。不堪刺衣带，时时刺妾心。采菱莫采根，菱根随水长。郎行不弃妾，妾愿随郎往。"到目前为止，我也没有品尝过西安水域里生长出的菱角是何种滋味。

但这并不妨碍菱在我眼里和心目中的地位——一种智慧且有趣的水生植物。

因为它会在不同的生长阶段，根据自身需要生长出不同性状的叶子。

刚刚来到世界上的菱，只有一个细小的茎，紧接着会陆续长出二三片叶子，对生在茎上。这个时候的叶子非常柔弱——叶子黄中泛绿，又细又薄，叶缘布满深深的裂隙，外形就像细小的羽毛，十分柔软。这既薄又细又软的叶子，正是菱适应水环境的杰作。水环境里光线微弱，而且压力大。菱正是依靠这薄而柔软如丝的叶子，在暗淡的水域中进行光合作用和呼吸作用，纤弱的叶片，以柔克刚，抵御水的压力，好让整个植株不被水流冲断和冲走。

一旦菱的茎爬到水面上，这个时候长出来的叶子，与最早来到世界上的哥哥姐姐们外形是截然不同的，第一次看到的人，绝不会认为这两种叶片是一家子。这时

候的叶子变成了翠绿色，表面像是涂过蜡一般，反射着夏日里的阳光。叶子形状是厚实的四方菱形，叶片尖端的边沿呈漂亮的锯齿状。当然，漂亮只是我个人的看法，菱自己对漂亮则另有说法，它是用这尖尖的齿牙，抵挡水塘里的鱼类、水禽和水兽的啃噬。

菱形翠绿的叶子，几乎轮生在紫红的茎上。从水面上望下去，片片菱叶错落有致、彬彬有礼，如一朵花样的莲座，有序的在水面上、阳光下制造营养，开花结果。

七月份，当白色的菱花逐渐凋落的时候，一个个沉甸甸的菱角会出现在簇簇绿叶下。越长越大越沉的菱角，眼看着要使整株菱在水中全军覆没，可就在这关键的时候，智慧的菱让叶柄上长出了鼓鼓的浮囊，水越深，叶柄上的浮囊就越大。长出了"救生圈"的菱，直接摆脱了没顶的危险，优哉游哉地在水面上快乐着，成为水面上的一景。

拥有两种不同叶子的菱，其目的却是相同的——为了让自己生存得更好。

菱求同存异的生存法则，很值得我们在生活中、在人际关系中借鉴。

求同，就是寻找共同点——共同的理想、共同的目标；存异，就是保留不同的意见、不同的主张和不同的方式方法。孔子说："君子和而不同，小人同而不和。"

呵呵，想当初，是孔子借鉴了菱的生存法则，还是菱在生存中执行了孔子的言论呢？

但无论如何，求同存异，是事物和社会发展的一条重要规律，也是人们处世、行事应该遵循的行为准则。这点，菱是做到了。那么，你和我呢？

猪笼草，甜蜜的陷阱

不会行走的植物，不全是被动的、任动物宰割的，有些植物反过来会"宰割"动物。猪笼草，就是全世界700余种"吃动物"的植物中的佼佼者，它会"守株待兔"。

这种生长在印度洋群岛、马达加斯加、印度尼西亚等地的土著植物，因不堪忍受原生地的贫瘠（其土壤呈酸性，缺乏氮素养料），逐渐进化出一种特殊的本领——通过捕捉昆虫等小动物来补充营养！穷人的孩子早当家，看来不只适合人类，也适合于一种植物。

猪笼草吃蚊蝇等小昆虫的秘密武器是"捕虫囊"，还记得第一次见到这种智慧植物时的惊奇：设计精巧的"捕虫囊"，是一件多么精美的艺术品！这么巧妙的构思，人类根本无法企及。

"捕虫囊"由一片叶子异化而来，呈空心圆筒形，下半部稍膨大，外形像我国南方运猪用的笼子。

猪笼草叶子的中部是细长的线状，顶部进化出一个酒杯大小、红艳艳的瓶状"捕虫囊"，"捕虫囊"在重力的作用下，自然下垂，囊口却是朝上张开的，囊口处，还有一个半开的盖子。

"捕虫囊"的内壁十分光滑且满布着蜜腺，能分泌出又香又甜的蜜汁，一个"捕虫囊"内大概有2～3克蜜汁。贪嘴的昆虫寻香而来，一不小心，便失足滑入瓶囊深处，掉进甜蜜的陷阱里。"捕虫囊"的内壁不仅滑溜溜，在瓶囊开口处内沿，还生长着一层厚厚的细毛，都是朝下和朝内生长的。倒霉虫掉下去后肯定不甘心，一开始都会往上挣扎着攀爬。可想而知，这攀爬是多么的无力。

爬上去又掉下来的悲剧，也不会上演太久，因为笼底的水里，不仅含有消化昆虫肢体的消化酶，还充斥着大量的麻醉剂，简直就是一座"水牢"。可怜的小虫子，因为一时的贪欲，稀里糊涂地就成为植物的盘中餐。守"瓶"待"虫"的猪笼草，此时一定洋洋得意：靠一点点甜蜜手段，就有大餐主动送上门来啦。

仔细看，猪笼草的捕虫笼口有一个近圆形的笼盖，很多人以为昆虫落入捕虫笼后，笼盖会马上关闭，但实际上，猪笼草的笼盖与笼身的连接是固定的，不可以活动，猪笼草也不会做出如此迅速的应激反应。当然，仔细看完上一段文字，就会发现它也没必要这样做。

笼盖，其实只起到雨伞和遮阳伞的作用，可以防止雨水过多地流进笼中，稀释笼底的消化酶和麻醉剂的浓度；笼盖还能阻挡上部射入的光线，迷惑落入"牢笼"中的昆虫，让它们找不到出口。

与猪笼草拥有着类似捕食技巧的植物还有瓶子草等等，只不过，捕虫囊的形状不是猪笼形而是瓶子状或其他形状。

看来，植物是最先懂得使用"甜蜜陷阱"这一招的。

小虫子却不懂什么是陷阱，以为找到了免费的午餐，主动投入甜蜜的陷阱中，最终丢掉了性命；落入陷阱的倒霉蛋，也不会有机会告诉同伴，以后要远远地躲开"口蜜腹剑"的猪笼草。

但人懂。做人，不要被一些所谓的"捷径"所迷惑，更不要被眼前的小恩小惠冲昏了头，天上是不会掉馅饼的！

没有无缘无故的恨，也没有无缘无故的爱。

南瓜，压力与潜能

除过当吃食，南瓜，还可以做什么？

可以是万圣节的魔脸南瓜灯，可以是安徒生笔下"灰姑娘"的马车，也可以是南美洲人用来盛牛奶、装粮食的器皿，也可以是澳大利亚人特殊的帽子，还可以是印度猎人捕捉猴子的帮手……

呵呵，这些人类开发出来的功用，连南瓜自己都没有想到吧。

南瓜意想不到的事情多了。南瓜因外力被激发出来的潜能，不仅超出了南瓜的想象力，也大大地出乎人的预料——一个小小的南瓜，竟然能够承受五千磅（约 2268 公斤）的压力！

这是一项对南瓜有点残忍但却让人心灵震颤的实验。

美国麻省 Amherst 学院的实验人员用很多大小不一的铁圈，将一个小南瓜从头到脚箍了个严严实实，他们想知道当南瓜渐渐长大时，来自于身体里的生长能量对铁圈会产生多大的压力。最初，人们估计南瓜最大能承受五百磅的压力。

实验的第一个月，南瓜就已经承受了五百磅的压力。实验到第二个月时，坚强的南瓜已经承受了一千五百磅的压力！当铁圈承受到两千磅的压力时，研究人员不得不对铁圈加固，免得南瓜将铁圈撑坏。当南瓜承受了超过五千磅的压力后，这个让人肃然起敬的南瓜，它的瓜皮才出现了鞭裂。

研究人员打开南瓜后，惊得目瞪口呆！显然，南瓜已经无法食用了，因为南瓜内部充满了坚韧而牢固的层层纤维，与平时细腻而空心的长相判若"两人"！这是南瓜试图想要突破铁圈所做的丝丝努力，是人可以用肉眼看得到的力量！

不仅如此，为了吸收到充足的养分早日突围，南瓜派遣根茎向四面八方延伸了80000 英尺（约 24384 米）——所有的根朝着不同的方向探寻、伸展，艰难地寻找并不稳定的水源和肥料。最后，这一棵南瓜苗，它的根脚几乎触摸遍和控制了整个花园的土壤与水肥资源！

瞧，南瓜拥有为适应外部环境而改变自己的能力，这也是南瓜的足迹可以轻松遍及世界的原因。

当初，南瓜肯定没有想到，当压力降临到头上时，自己能够变得如此坚忍顽强。或者，南瓜也赞同英国名人贝弗里奇的说法：人最出色的工作，往往是在处于逆境的情况下做出来的，思想上的压力，甚至肉体上的痛苦，都可能成为精神上的兴奋剂……

在铁圈的压力下，精神极度兴奋的南瓜，变被动为主动，用智慧和努力，交出了一份让人赞叹的答卷。这份答卷，是迄今我所知道的植物中最最励志的正能量，在很大程度上，也是我热爱生活、抵御压力的榜样。

生活中，压力无处不在。把自己想象成那个铁圈下的南瓜吧，在越来越大的压力下，唯一要做的，就是相信自己，相信自己拥有超越想象的巨大潜能！一些伟大的成就，就是在巨大的压力下诞生和辉煌的。

只要像南瓜那样，一心一意只想着将箍住你的铁圈挣脱，就没有什么困难可以难得倒你！

苹果，真实与谎言

八岁那年，爸爸给我家院子里移栽了一棵小苹果树，小树上所结的果子，有个好听的名字"五月红"，五月红的品质，明显优于我家院子里已有的两棵大树上的苹果。

农历五月，当大树上的苹果还像核桃般大小和青涩时，比我拳头大多了的"五月红"，已然绿中泛红，在五月的和风里，散发出让我垂涎的清香。

五月红的口感特别棒，酸酸甜甜、脆脆的、香香的，咬一口汁水四溅。后来，我家迁了新址，就再也没见到过五月红，没吃到过那么香甜的苹果了。

第二年开春，当粉红色的花朵把小苹果树打扮得花枝招展时，我最喜欢做的一件事，就是站在和我一般高的苹果树前，认认真真地清点小树上的苹果花：1朵、2朵、3朵……总共48朵。嗯，我仿佛看到48个又香又甜的"五月红"，正冲着我点头微笑呢，我甚至计划着苹果熟了和谁谁谁怎么分享了。

那个春天里，背衬绿叶和蓝天的48朵苹果花，连同清香、喜悦和期盼，一起烙印在我九岁的天空里。

当花朵逐渐退化，樱桃大小的苹果娃娃开始崭露头角，我重拾起数花朵的劲头，认认真真地数起了苹果娃娃，但无论我怎样用心数，青苹果的个数都达不到48个，不仅达不到，是差很多呢，只有29个。没错，一连几天，都是这个数字。

"不是开多少花就结多少果吗？"当我带着疑问把不解倾诉给爸爸时，爸爸语出惊人："苹果树是会开谎花的，当然开花多，结果少了。"

谎花，这个词可真形象。没有结苹果的花朵，可不就像是树说的一句句谎言，让我空欢喜了一场。可是，苹果树果真会撒谎吗？它为什么要撒谎呢？

爸爸也说不出个所以然。

是后来接触到的植物学，告诉了我想知道的答案，也让我明明白白地懂得了："谎花"是谎言，只是站在人的角度说苹果树；而站在苹果树的角度来说，谎花是果树表达内心的真实语言。

苹果树生出"谎花"的原因很多，其中，最主要的一条是：苹果树坚守"自花不结实"——自己身上的雄花不会给雌花授粉，用以确保遗传的可变性，所以栽植苹果树时必须考虑到要配置授粉树。我家的那棵"五月红"，之所以一开始就能够结果，是因为身旁有两棵大的苹果树。

除此以外，花期缺水、营养不良和冻害等等人为和自然的因素，都会让苹果树生出退化花、畸形花，退化的、畸形的花朵不自行夭折，岂不"苹果国内"大乱？这些没有坐果的花，即是人们眼中的"谎花"。

所以，"谎花"，既不是花的错，也不是树的错。"满树花，半树果"的光景，其实反映了树当年所受到的待遇，是果树用花和果实表达自己满意与否的真实语言。这样看来，果树上的一朵朵"谎花"，当然不能说是树在撒谎了。

不只是苹果树，杏树、枣树、李子树等等都会生出"谎花"。

可是，站在农人的角度，说果树只开花、不结果是树在说谎，似乎也没错。

倘若农人能够多多了解植物的语言，从果树的"谎花"里听懂它们的真实"想法"，依照果树之意，厚待果树，对果树知冷知热，果树心满意足后，它的"谎花"肯定会少一些，而实实在在的果实自然会多一些的。

苏格拉底说：我唯一知道的，就是我一无所知。苹果树听到后会不会也学着说：你们眼里我所谓的谎言，正是我想表达的真实。

呵呵，"真实"与"谎言"，在一棵苹果树上，竟然能够如此神奇的合二为一呢。

合欢树会生活，也会休息

流火的夏日，合欢花像一把把小扇子，驱赶着层层热浪。

陕师大家属院内，在我每天接送孩子上学的路上，道路旁是两列高高大大的合欢树，舒展的枝叶彼此交错，在道路的上空合围成碧绿的"拱廊"。炎炎夏日里，海拔十余米的合欢树，用这自然细密的绿色隧道以及默默递送的花香，将我和这条路上的行人，与炎热隔离开来。盛花时节漫步其间，彩云罩顶，飞鸟盘旋，这人、树、鸟之间的"合欢"，常常让我生出走进一幅画里的恍然。

夏日的合欢树，出众、唯美——树美，叶美，花更美。

合欢的花朵很"仙"，有点阳春白雪的味道。它的花瓣退化到几乎看不见，一丝丝、一缕缕的花蕊（雄蕊），从骨朵儿中舒展开来，粉红中夹了些净白、鹅黄，有着璎珞般飘逸的线条。满树的"花朵"，远看，像是用一支支蘸着胭脂的毛笔涂出的点点粉红色的烟云；近看，像扭秧歌老太手里舞动的一把把羽扇，清丽可人。

或许是受合欢花蕊的误导，罗马人最初以为中国的蚕丝制品，就出产于这种树，所以称其为"丝树"，如今在西方的许多语种中，依然将合欢称为丝树。陕西人叫合欢为"绒线花"，它还有"绒花树""鸟绒""马缨花""合昏""夜合"等等好听的名字。

合欢的特别之处不仅在花，叶子也漂亮有趣。

一个小叶柄上，羽毛般生长着十几二十对镰刀状的小叶子，两两相对，齐齐整整。每天，夕阳西下时，相对的羽状小叶就慢慢靠拢，直到两两相合，模样就像被手碰触过的含羞草。从这个时候开始，月光可以轻易地洒下来，凉风也能够轻松穿透。次日清晨，领受到光线的指令，静静相拥的羽叶，才渐渐分开。

与其近亲含羞草的"一触即发"不同，合欢叶子的开合，不是根据"触觉"，而是出于对光和热的"情感"——白天张开，到了晚上，便收拢起来"睡觉"。在夏天炎热的午后，小叶子也要午休一小会儿，但不如夜里那样"睡得安然"，只眯一会儿。

晨展暮合的合欢叶子，似乎在用自己优雅的肢体语言启示人们：夫妻好合，恩爱相伴。"合昏尚知时，鸳鸯不独宿"（杜甫的诗句），叫它"爱情树"，真的恰如其

分呢。

"虞舜南巡去不归,二妃相誓死江湄。空留万古香魂在,结作双葩合一枝。"唐代诗人韦庄的这首《合欢》诗,不仅讴歌了舜当年为民众劳碌奔波的精神,赞颂了娥皇、女英二妃纯洁的爱情,也浓缩了一个动人的传说——相传虞舜南巡苍梧而死,其妃娥皇、女英遍寻湘江,未果。二妃终日恸哭,泪尽滴血,血尽而死。后来,人们发现她们的精灵与虞舜的精灵"合二为一",变成了合欢树。合欢树叶从此昼开夜合,相亲相爱。

还有个近代的美丽传说:泰山脚下的一个村子里,员外家名为欢喜的女儿,已经出落得貌若鲜花。但自从欢喜去了南山烧香回家后,却茶饭不思,人一天天萎靡下去。员外请名医、用名药皆无济于事,遂张榜招贤,为爱女治病。恰有一穷书生,精通医术,想进京赶考,却身无分文。他揭榜只想得些银两当进京路费。巧的是,这书生就是小姐进香时一见倾心之人。原来,小姐害的是"相思病"!这病一旦见到意中人,已好大半。书生用山上一种叫"有情树"的花,煎水给小姐喝,两天后,欢喜的病就痊愈了。结局是书生中榜,二人结为夫妻,人们从此将"有情树"称为合欢树。

相比第一个传说,我更喜欢后者:主人公在世的时候已经得到了幸福欢乐,而不是在死后悲情地合二为一——这是每个俗人都希望的结果,也该是合欢树的本意。

合欢,轻轻地唤一声名字,就有丝丝吉祥透出来,颇有"死生契阔,与子成说。执子之手,与子偕老"的味道。合欢不仅仅有诗的情调,在植物中,合欢的智慧,也相当出众。

聪明的合欢叶子,可以巧妙利用叶柄基部类似储水袋的细胞,自如地吸水或放水,细胞因此膨胀或收缩,带动叶子展开或闭合。这个步骤是相当有智慧的,而指挥储水袋细胞吸水或放水的指挥官,是光强和温度。

几乎和人一样,植物之所以要睡眠,也是因为大气环境太燥热了。睡眠,是合欢在长期的进化过程中形成的一种抵御干旱的本领,为的是减少叶面水分的蒸发,以便保持精力,更好的生存下来。

翠羽绒缨的合欢树,有情趣,懂休息,多聪明呀。

《圣经》中说,当初,神用了六天时间创造天地万物,之后,又专门定出一天时间,让人休息。并且在前面的六天中,每一天都有夜晚,有白天。

莫非,合欢也懂得《圣经》?

梨树，张弛有道

小时候，邻居家有棵梨树，那棵树长在靠近我家和他家隔墙的地方。

当树干高过院墙时，树冠的三分之一，已经伸到我家的地盘上了。那时，我们两家人关系很好，我家的苹果熟了，会分一半给邻居，邻居也很慷慨，说梨熟透了尽管摘吧。

于是，童年的好多快乐里，都有甜梨的味道。

春天里，白玉般的花瓣飞上枝头，大有"占断天下白，压尽人间花"的气势。这个时候，"芳春照流雪，深夕映繁星"的梨花，最容易引人遐想。但每年的那个时候，我想的不是梨花入月、月光化水之类的风雅，而是，今年又可以吃到多少甜梨了。

当白色的花瓣雨慢慢飘尽，就有指尖大小的青色果实，开始在绿叶间摇头晃脑了。于是每天放学后，我都要仰起头，清点一下属于自己领空上的青色脑袋。随着梨子的变大，缀满果实的枝条会越来越低，低到我不费吹灰之力，就可以触摸得到。当我可以轻易地用鼻子贴近梨嗅到梨香的时候，梨的外衣也开始绿中泛黄了，时令已经进入到秋天。当梨全然变成金黄色，那是它在微笑着向我招手：可以开吃啦……

慢慢地，我发现了一个规律，如果梨树这一年结的果子特别多，下一年结果就会很少，还有几乎不结果的年份呢。可以想见，在不结果的那一年，我有多么的惆怅。

爸爸这个时候会安慰我说，今年是梨树的小年，等今年梨树好好养精蓄锐，明年就可以给你结更多的梨啦。爸爸把梨树一年结果多，一年结果少，甚至不结果的现象，叫作梨树的大、小年。

"为什么梨树会有大、小年？"

"因为梨树也要休息啊。"

哼！梨树可真会享受——每每这时，我嘴上虽然不会说出来，心里却是这么想的……

等到我终于了解了植物，才领悟到爸爸的话语是多么富有道理；梨树的价值观，真的好有哲理。比起它身旁年年结果的核桃树，梨树生活得似乎更从容一些。

梨树，在挂果这件事上，的确遵循着孔子的名言："一张一弛，文武之道也。"

善于做体内"协调调动"工作的梨树,会井井有条地安排自己的生活。大年里,梨树调集体内各成员的营养物质,齐刷刷地运往果实。树体的其他成员,特别是枝条的顶芽们,因为养分的减少,无力形成花芽而选择了休息。没有花当然不会有果了,所以,大年之后肯定是小年;而小年里的花果少,枝条顶芽内营养物质积累的多,花芽分化的底气十足,很自然的,就有了翌年千"颗"万"颗"压枝低的甜梨盛景。

可见,梨树小年里的"弛",不是懈怠,不是消极,更不是享受,其目的只有一个,那就是为了大年的"张"啊。

我们是否也该学学会自如掌控的梨树,人生中,能拿得起,也能放得下;生活中,能劳逸结合,放松时尽情享受生活,忙碌时可以做到竭尽全力!

张弛有道,记忆中童年的梨树,一直就是这么做的。

母生树，在苦难中重生

北方的原野上没有母生树，但在海南的五指山、琼中等地，高高大大的母生树很常见。

母生树是普通的，但是它却不平凡。

在海南，树干通直的母生树很受农家人的喜爱，一旦栖身，就成为家族里的一员，给家人遮风挡雨，为家族增添财富——当母树长大被砍掉后，在母树原来的位置上，会有许多幼苗从树桩根部萌发出来，在萌发的这些幼芽中，大概有3~6根能够再次长大成材。这点，好多树都能做到，好多树做不到的是——母生树越砍越长，而且会越长越旺，一次次砍伐，使得当年的小苗，一代代升级为母树，如此循环往复。一株母生树种下去，可以供数代人甚至十几代人砍伐！

去海南旅游时，我专门拜访了久仰的母生树。

我眼前的母生树，母树已死，只剩下一截树干。说是树干，树皮斑驳脱落，树心也几乎看不见了，只剩下一个空壳，这个空壳好大，大概能容纳三四个人同时站立。在空壳的边缘处，一棵子树笔直地拔地而起，翠绿的身影亭亭玉立，像是老树上开出的一朵绿花。小树的根部，有一片树皮还贴在死去的母树的身上，那是它与母亲相连的"脐带"吧。

母树空壳上的另一端，一大截树皮显然也是有生命的。因为，它的另两个小一点的子女，就靠这片树皮相连，站在母树的躯体上，这两棵小树同样绿意盎然，意气风发。母亲用最后的力气，养育了它们，它们也以勃勃生机，延续了母亲的生命。死去母树残存的营养，借助树皮这根"脐带"，输送进两棵小树的生命里。

生与死，在眼前这个母生树的家族里，就这样凝固成一幅让人感动的雕塑！

当地人对母生树也是充满了感激和崇敬的。

传说，在海南岛的大山里，一个忙了一天的庄稼汉，刚从山上挖回一株小树，栽种在自家门口，恰逢妻子生产，母子平安。不经意间，孩子长大，当年的小树，也跟着一天天长高了。二十年后，孩子到了谈婚论嫁的年龄，却因家贫找不到媳妇。他坐在大树下叹息，大树告诉他："你把我砍掉，用来建一座漂亮的房子吧。到时，你

和新娘子会过上好日子的。"青年照办了，如树所言，他生活得很幸福。

多年后，从母树根部发出的小树，已经高耸入云。儿女满堂的他，也已步入中年。一天，他忧郁地对大树说："我一直为儿女操劳，却耽搁了自己的理想，我渴望到外面的世界去闯一闯。"母生树听后说："你把我砍掉，造一艘大船吧，这样，你可以乘大船到广阔的世界去闯荡。"中年人如愿以偿。许多年过去了，当年的小孩，已经白发苍苍。当他功成名就，拖着疲惫的身子回到大树身边时，大树依然温情地安慰他："你辛苦啦，现在回家了。你把我砍掉，做一张大大的床，好好休息吧！"

多么温馨，多么感人的母生树！

难怪在以前，很多海南的老百姓在生了女儿后，都会在庭园里种下一棵母生树。材质出众、萌芽力超强的母生树，从此和女孩一起长大，在女孩出嫁时会变身为女孩的嫁妆。

越砍长得越起劲的母生树，让我想起了我们常见的韭菜：一茬茬地割，一茬茬地长，有股子斩杀不绝的顽强精神。要知道，母生树可不是低矮弱小的草本，它是高大健硕的木本植物，这需要多么坚忍顽强的毅力啊！

伟岸的母生树，也让我想起了一句话：在苦难中重生。

"苦难，给了我重生的机会。"著名作家史铁生如是说。

突然想到，古往今来，这样的例子不胜枚举：盖西伯（文王）拘而演《周易》；仲尼厄而作《春秋》；屈原放逐，乃赋《离骚》；左丘失明，厥有《国语》；孙子膑脚，《兵法》修列；不韦迁蜀，世传《吕览》……大底圣贤发愤之所为作也。

是苦难的磨砺，成就了他们千古不朽的名作，成就了他们的卓越人生！

砍伐后，一次次涅槃的母生树，用自己独特的语言，也在诉说着同样的道理。

仙人球，坚硬与柔软

"你好，刺刺。"这是我每天进到办公室，打开电脑前说的第一句话。

在晨光里，刺刺会用它细刺上悬挂的露珠，向我闪烁、微笑。袖珍西瓜般的身上，有着手风琴箱褶似的条条竖棱，棱脊上淡黄色的针刺排列如花，一副冷峻孤傲的模样。

刺刺，是一个比拳头大点儿的仙人球，一直和我共用一张写字台。

在刺刺的老家墨西哥，刺刺是仙人掌类植物中长相最普通的一种，它的兄弟姐妹们外表都好有个性——掌状、柱状、鞭状、棍状、树状、三角、椭圆、四棱、多棱……长相虽然全无章法，但大多数肉乎乎、肥肥胖胖的，体内储存着大量浆液。喜欢养多肉多浆植物的圈里人都亲昵地称它们为"肉肉"。

肉肉茎干上的叶子，基本上齐刷刷地全部退化掉了，又一个个化作长长短短的刺长出来——完完全全颠覆了普通植物茎、叶的形象！

这个家族里的成员，高矮也天马行空，身材小的，一生只有纽扣大小；大的，身高近 20 米，体重达 10 吨。好家伙，这样的庞然大物，大概没有人敢请它来家里做客吧。当然，也没有一个家，大到可以容得下它。

外表如刺猬般的仙人球，心却与人为善。肉肉们是很愿意与人共处一室的，因为它们的呼吸，在夜晚与人刚好相反。长久的沙漠生涯，让肉肉练就了夜晚呼吸孔打开，吸收二氧化碳，释放出大量氧气的本领。瞧，家里摆放一些像肉肉这样不需要多少成本且易于打理的绿色"增氧泵"，自然是多多益善啦。你如果不介意它的刺的话，除过被窝里，卧室里的其他地方，大概都可以摆放呢。

家里若有人患腮腺炎和褥疮，仙人掌也会挺身而出，用多汁多浆的绿"肉肉"，为患者消炎止痛——《岭南采药录》说它"味苦涩，性寒，无毒"，《本草求原》则列出了药方："消诸疮初起，敷之。"这敷法，自然是去刺后捣烂，敷在肿大的腮腺或疮褥处的。想再笨的人，也不会直接带刺敷上去的吧……

无数次抬头凝望刺刺那覆满针刺的身体，眼里、心里是充满感激的——南美洲出生背景的刺刺，帮我抵挡电磁辐射倒在其次，那绿色毛刺刺的球身上，仿佛有音

乐一直从中悠悠飘出，随时随地安抚我因久盯电脑屏幕而显干涩的眼睛。如果我照料得当的话，刺刺还会开出一朵朵美丽的鲜花呢。

假如它没有刺——当这个想法从我脑子中闪过时，连自己都觉得可笑——没刺的仙人球，那是西瓜吧。假如肉肉没有刺，这个世界上，还有肉肉吗？恐怕早步了恐龙的后尘。

肉肉家族对于"刺"，是特别有感情的。

肉肉们费尽心思举出或长或短、或粗或细的刺，有着绝对深刻的见解：食草动物们再也不敢轻而易举地将自己作为免费的餐点了；体内金贵的水分，因摈弃了叶子这个"抽水机"，也不会轻易蒸腾流失；茂密光亮的刺，会将来自于太阳的多数光线反射掉——肉肉们锲而不舍地运用智慧，利用周身上下的刺，战胜了一般植物的怯懦，战胜了自己，在迷人却又高热、干燥、少雨的大沙漠中，泰然栖身。

这，正是我喜爱肉肉的原因之一。

植物，是生存环境的产物；人，也同样。

看看周围，也有好多人，为了避免伤害，用硬如铁甲的外壳将自己密密地武装起来，但硬壳下，却是一颗美好善良的心，只有深入了解，就会感觉到。

在如何适应环境方面，植物和人有着惊人的相似。

当然，如果从现在起，肉肉们就这么一直和人待在室内，没有炎阳，没有干旱，也不存在食草动物的啃食，那么，它会不会觉得，已经没什么威胁需要用刺去防卫了，身上的刺会不会又退化掉，然后重新长出绿叶呢？刺刺，你可以告诉我吗？

有"榕"乃大

最初见到榕树，是在成语"独木成林"里。生长在北方的我，想象不来一棵树，何以拥有铺天席地的森林气象。但从此，榕树就一直生长在我的脑海里，模糊但却如山一般地绿着。

后来到云南旅游，我专门跑到德宏傣族景颇族自治州盈江县铜壁关自然保护区，跑到那棵有"华夏榕树王"之称的古榕树跟前，一睹其风采。

无数气生支柱根由主干自上而下插入土里，又慢慢长成擎天大树的枝干，直冲云霄，分不清哪根是主干，哪根是气生根。但根根神采奕奕，器宇轩昂，散发出"森林之王"的恢宏气势。人站在树下，犹如榕树脚下的一株小草。1991 年德宏州林业考察资料上说，这棵树树龄 400 年以上，最高树冠距地面 36 米，已入土的气生支柱根 108 根，树冠覆盖面积 3688 平方米。居住在这棵古榕树上的植物有十多种：鹿角蕨、兰花、鸟巢蕨、苔藓、地衣、不知名的藤本植物，栖息在树上的昆虫、爬行动物类、鸟类更是不可胜数，是真正的"独木成林"……

2006 年春天，在香港最繁华的地段湾仔，我又一次拜访了一棵老榕树——"香港百年沧桑"的活见证。

多年前，湾仔搞基建时，香港市民不忍看见这棵与他们相伴多年的老榕树被砍伐，即使它挪个窝也于心不忍，便自发组织起来与开发商谈判——可以在这里大兴土木，但这棵榕树一不能砍，二不能移，最好原地养护起来。

最终，开发商的做法也值得很多人借鉴：将老榕树下面数万立方的山石全部掏空后，在原地造了一个直径 30 米、深 20 米的超级大花盆，用以固定这棵老榕树，用腾出来的地方建造豪华商厦。

于是，森林般屹立在现代化高楼顶部"超级大花盆"里的榕树，用它 3 米多粗的主干、千条万缕的气生根和 80 平方米的树冠，捕捉身边的阳光和微风，为"脚下"的水泥森林城市，毫不气馁地撑起片片荫凉，附送清新的空气和鸟鸣……仿佛它原来就盘踞在这座商厦上面，是这座商厦乃至整个香港的"守护神"。

和森林般的感觉截然不同，香港嘉道理植物园的岩石壁上，榕树则向我展示了

它的另一种生命形态：榕树的气生根游走在几乎完全没有土壤的岩石间隙，遇到一丁点薄土，即安营扎寨，然后又向前伸延、迈进，直至与石壁完全合二为一。那样的自然、完美，就像是专门用榕树的根与叶，给大大小小的岩石勾画了边框，形成一幅幅树石和谐的美丽画卷。

在香港，随处还可以见到寄生的榕树，香樟、棕榈等都可以被它选为寄主。一点点腐烂树叶形成的腐殖质，就能够成为榕树种子的温床，向上萌叶、伸展，发育成小苗，向下根系会顺着寄主主干延伸、缠绕，慢慢将寄主包裹，乃至绞杀致死。

无论是"独木成林"的参天大树，还是匍匐在岩石表面与苔藓争夺地盘的藤本，或者是寄生缠绕在其他植物体上，榕树将各种生命形态都演绎得淋漓尽致，完美而精彩。

是什么品质，让榕树在这几种形态间游刃有余？

榕，容也，有容乃大，能屈能伸——占据着乔木层、灌木层、藤本层等诸多生存空间的榕树，在数以万计物种共存的热带地区，脱颖而出的榕树，大约会同意我对它的总结吧。

人生在世，不可能一帆风顺。只有像榕树这样生活，人生的道路才会顺畅通达——在顺境中，会"伸"，乘风破浪，扶摇直上；在逆境中，会"屈"，尺蠖之屈，以求伸也。

坦然面对现实，尽可能做到：能伸，也能屈。

车前草，独辟蹊径

车前草，在多年生草本植物的天蓝地阔中，它那脉纹清晰的卵形绿叶，显得既普通又坚强。田野上，垄沟旁，土路边，房前屋后，车前草碧绿的身影，见证着春的绚烂，夏的高远，秋的繁华，生生不息。

相对于"芣苢（fú yǐ）"——这个在《诗经》中诗意般美好的名字，我更喜欢叫它"车前草"，既可以表达其生境，又能够表现其传播方式，简单朴素，一如车前草本身。

小小车前草种子，天生不具备蒲公英的"降落伞"，也没有椴树的"滑翔器"，缺乏苍耳的钩刺，不会像凤仙花那样自力弹射，也无法依靠飞鸟、水流或风力传播。那么，是什么力量，让车前草的足迹遍及大江南北、海角天涯？

拿一枚车前子仔细看，如果视力不好，就借助于放大镜吧。你会发现，车前子的表面有一层黏性种皮膜。这层种皮膜有吸湿性，可因湿气而成为黏胶状。

聪明的车前草妈妈，正是借助于这个装备，独辟蹊径，让子女们粘在动物的蹄缝里、人类的鞋底上，以及来来往往的车轱辘中，浪迹天涯。

在车前草的眼里，马蹄、车轮和鞋子，大约没什么区别，都是自己传播子孙的工具。不管你愿不愿意，当你踩上车前草种子时，它们就粘在或镶嵌在你的鞋底花纹里，你走多远，它跟多远。当你一跺脚，车前子和泥土便一起掉落在新领土上，完成了车前草的迁徙。

难怪《本草经集注》云：车前草"人家路边甚多"。

想当初，车前草就是跟随哥伦布和他的队员，从欧洲横渡大西洋，顺利到达了美洲。其他植物借助风力、借助飞鸟、借助水流都达不到的旅程，车前草靠一层薄薄的黏质做到了。

就这样，车前草凭借自己的生存智慧，跻身为多年生草本植物中的望族，车辙、蹄窝、鞋印里，都有它自豪的笑脸。

"采采芣苢，薄言袺之。采采芣苢，薄言襭之。"（其意为：车前草真茂盛，把它袺下来。车前子遍地是，把它兜起来。）

唱着《诗经》中的"采采芣苢"，我多么希望自己就是一株智慧的车前草。

这个世界是不公平的，不是每种植物天生就拥有"降落伞"和"滑翔器"，能够抵达美好的生境；这个世界也是公平的，上帝教会了弱者在困顿中寻找生机，在逆境中永不言弃。

生活又何尝不是如此？不是每个人都有个"李刚爸"，是"富二代"，拥有聪明的头脑和美丽的面庞，可是人人拥有挑战逆境的勇气和智慧！

在一个充满机会的年代，只要认准目标，就有诸多可能性，去完成心愿，只要自己不放弃，生活就不会放弃你。

03

第三辑

完美的自然设计师

苜蓿的飞翔梦

人活着，就会有梦想。梦想，是我们心底最美、最真的期望。

一棵小草，会有什么样的梦想呢？

植物的梦想，说白了很单纯——逃离脚下被束缚的命运，将种子送到尽可能遥远的地方，使自己的种群持续壮大繁荣。

这样看来，每一株植物的梦想，都是伟大的，是真正的"家国梦"、种族梦。和小草相比，我们人类的大多梦想，便显得鼠目寸光、自私自利了。

让我们俯身低头，观看一种叫作"苜蓿"的小草，它是怎样为了梦想而不懈奋斗的。

城市里，草坪边，墙角，水泥路旁，到处都能见到野生苜蓿的身影。大诗人李商隐有"苜蓿榴花遍近郊"的诗句，可见唐朝那会儿，苜蓿的领地已经扩展到京城边了。

但一直以来，苜蓿却活在黎民百姓的视线之外，它们太不起眼了，没有高大的身躯，没有娇媚的花朵，没有芳香的韵味，就那么安安静静地守在属于自己的一隅，恬淡甚至是寂寞地活着。

在上古农耕时代流传下来的画面里，苜蓿花，是旷野里星星点点的小小"蝴蝶"，淡然地在风中翻飞。但就是这弱小、卑微的野草，它们的种子上，却闪烁着智慧的光芒，闪耀着梦想的星光。

开紫色小花的苜蓿，为自己椭圆形的种子，镶嵌了2~4道轻微的螺旋线。这样设计的目的其实很明确，那就是想要减缓种子成熟后落地时下降的速度，延长种子在空中的旅程。并且紫花苜蓿希望，能够顺便搭上免费的"风"车，尽量飞得远一些。

然而，紫花苜蓿这项远远早于阿基米德螺旋线的发明，对苜蓿种族本身的意义，却不是那么显著。原因是苜蓿们在发明创造时,没有顾及自己的身高——它们太矮了！

螺旋，只有在某个高度，譬如从高高的大树上，或者从像玉米、高粱那么高大的草本植物顶端落下时才会起作用。然而，苜蓿天生矮小，它们的种子从离开种荚到落地，几乎连四分之一圈也没有转到，更别说那顺风便车，根本来不及搭载，就

低眉俯首阅草木

一头扎到了地上，英雄无用武之地嘛！

但紫花苜蓿对梦想的探索和实践，还是得到了苜蓿家族的首肯。

黄花苜蓿似乎看到了紫花苜蓿的徒劳和失落，它们借鉴了紫花苜蓿的设计成果后，又暗自思量，既然我们的高度不够，那么给种子的螺旋线外再加挂上两排穗状的吊钩装置，会怎么样呢？黄花苜蓿不仅善于思索，也善于付诸行动。

事实证明，野生状态下，黄花苜蓿的势力范围要比紫花苜蓿更为广大，这难道不多亏了苜蓿家族的巧思妙想和永无止境的探索精神么？也多亏了紫花苜蓿之前追逐梦想的努力铺垫。大概从此，在黄花苜蓿的眼里，我们人类的衣服和牛羊等动物的皮毛，都成为它搭载种子远走他乡的"班车"，协助自己完成种族迁徙的梦想。

所以，植物们的聪明才智，大多因梦想而来，并因不言放弃而持续提升。

到目前为止，苜蓿家族的成员，依然孜孜不倦地在种子上下功夫，完善它们共同的"践梦助推器"——在香橙亚科苜蓿的身上，我们会很明显地观察到从螺旋形荚果到螺旋体的转变；在黄芩类苜蓿或蜗牛苜蓿的身上，则会看到它们将螺旋体又变成了球状……

毫不起眼的苜蓿，为了实现远行的梦想，就这样不断进行着积极有益的改良和探索。

我要的一种生命更灿烂

我要的一片天空更蔚蓝

我知道我要的那种幸福

就在那片更高的天空

我要飞得更高……

不知道汪峰创作这首《飞得更高》时，他的灵感来自于哪里？千百年来，苜蓿们的梦想却一直飞翔在这首歌的意境里，"飞得更高"是苜蓿们永远的"心声"，尽管也遭遇挫折和失望，但它们从没有放弃过。

苜蓿们明白，要想实现梦想，就必须清楚自己应该以怎样的姿态去飞翔。

依靠自己的力量，践行梦想，即使如苜蓿种子般弱小，也很值得尊敬。

"扳机手"构树

城市里，楼角边、砖墙缝，构树的粗枝大叶，突然间就会冒出来，见缝插针，给点阳光就灿烂，不惧刀砍，不怕火烧，在人们选择遗忘或关注不到的角落里，荣枯自守。

人们看它的眼神是木然的，甚至充满了敌意，宋代才子朱熹称它"恶木"。大概是构树太爱逞能了，在几乎没有土壤和水分的犄角旮旯里，也能演绎出一世葱茏，很没有大家风范的样子。

构树，显然不懂得"物以稀为贵"的道理。

拂去构树身上的尘埃，它竟是《诗经》中的"穀（gǔ）"和"楮（chǔ）"，浑身散发着上古的味道，比人类存在的历史还要长。作为生命力超强的先锋植物，构树学会了在人们不屑的目光中生存，在贫瘠的环境里坚守头顶的一米阳光，苍翠千年，容颜不改。

我常常纳闷，构树怎么就这么不招人待见呢？

它的身上，其实是有好多闪光点的——构树皮，是高档纸的原料，蔡伦的"蔡侯纸"、宣纸甚至是钱币用纸，都有构树皮的参与；毛茸茸的构树叶，是上好的天然一次性洗碗布，也是牛羊爱吃的绿色主食；果实"楮桃子"，酸酸甜甜味道好，出于面子，人或许不怎么爱吃，但蚂蚁、鸟雀们最喜欢啾啾争食，那可是它们冬天里的粮仓。

美中不足的，似乎只有构树的花朵，无色无香，其貌不扬。无论是雌花还是雄花，外貌上都难以找出可圈可点的地方。

雌雄异株的构树，男株和女株是分开长的。和人类一样，男女有别，各司其职。男株开的雄花，像一只黄绿色大号的蚕（即柔荑花序），挂在尚未长出叶片的枝条上；女株开球形绿白色的雌花（即头状花序）。和其他植物一样，女株上的雌花，必须要接受男株上的雄花花粉，才能孕育出果实。

没有腿，无法走动，没有艳丽的花色，也没有香甜的花蜜来招蜂引蝶，这构树雄花的"相思"，该如何向另一棵树上的雌花"倾诉"？

呵呵，这担心实在多余。

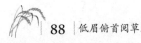

构树的雄花，表面上无姿无色，却在自己的花序上，装载了无数个爆破性的花药，它们会在大约万分之一秒内释放花粉，速度之快，几乎无花可敌。在人类开始使用"扳机"这个"东东"时，构树，早已经把它应用于花粉的传播艺术上。

每个穗状下垂的柔荑花序上有近百朵雄花，每朵小花有4个爆破性的花药。起初，花药藏于花被片中向内反卷。初夏，待到花粉成熟时，阳光下，在听见轻微"嘶"的一声后，花药会瞬间爆开，弹射出花粉。霎时，艳阳蓝天下，缕缕"白烟"自花序上腾起，一些花粉粒在空中还汇集成优雅的环状，袅袅散去，如同构树吐出的一个个"烟圈"。

在清风的助力下，漫天的雄花花粉，开始追寻"思念"中的另一半。

此刻，另一株树上的雌花，也已梳妆完毕，斜倚枝头，举起多情的"触手"，于清风间竭力捕捉这一份份痴情的"缱绻"……

性别的分开，加速了植物的进化，相比雌雄同株，雌雄异株植物，譬如构树，已经是植物中较为高级的阶层啦。

秋天里，有点像杨梅的"楮桃子"熟了，一颗颗乒乓球大小晶莹剔透的橘红色果实，很有些琉璃的质感，就挂在巴掌大的树叶间。麻雀来了，灰惊鸟来了，喜鹊也来了，鸟儿们一边叽叽喳喳地叫着，一边兴奋地啄食，如同赴一场盛宴。

鸟儿吃饱后抹着嘴巴飞走了，在鸟儿新陈代谢时，构树的种子，会穿越鸟儿的肠胃，被播种到构树无法抵达的远方。鸟儿播种的同时，还顺带施了肥。那些城市里随处可见的构树，就是鸟儿的杰作。

想必其貌不扬的构树，一定非常知足，它只需要交出一点点果实，就有这么多的义务播种员。人类不待见自己，不把自己当作庭院树、绿化树养起来，又有何妨呢？

拥有生存的绝门特技，拥有可以倾诉衷肠的伴侣，拥有互惠互利的鸟儿，构树活得自由自在、阳光洒脱。

做一个像构树一样洒脱的布衣平民，也挺好。

龟背竹的残缺

残缺的美，有时比完美更能震撼心灵。

看见断臂维纳斯，我会顿生感动和感慨，就像我现在看见长满裂隙和孔洞的龟背竹一样。

大家熟悉的龟背竹，除过它的茎略似竹节外，和竹子没有一点儿"血缘"关系，当然，也不会有人把它当作竹子的亲戚，它俩相差太大了。

龟背竹和竹子大概拥有着不同的世界观，龟背竹没有竹子那样清高，它想要长高的话，必须踩在他物上攀爬。但龟背竹比竹子聪明，它的智慧，就生长在它无与伦比的叶片上，潜身于叶片上那一个个椭圆的孔洞中……

"龟背竹"，连同它的别名"蓬莱蕉""团龙竹"等，听起来都很中国，散发着地地道道的中国味，没有丝毫的洋气。但它真是位"外籍"植物，它的故乡是墨西哥的热带雨林。

对热带雨林中最底层的植物来说，最缺少的是阳光。

怎样获取阳光，是底层植物们迫切想要解决的头等大事；能否得到阳光，就要看它们的本事和付出的努力了，那些看似安静的绿色生命，一个个都会使出浑身解数，因为阳光是它们的"粮食"。植物依靠"吞咽"阳光进行光合作用，没有了阳光，植物会活活饿死！

而阳光，对于底层植物永远都是那样的珍贵。当阳光穿过雨林中的高大乔木后，已经所剩不多了，这些"残羹剩饭"，透过斑驳的枝叶空隙洒下来，还会被乔木上的一些附生植物捷足先登，能到达雨林地面的光线就少得可怜。可以想见，地面植物对于阳光的争夺战有多么激烈。

龟背竹不会坐以待毙。它所做的第一件事，就是努力将自己的叶片长大，就像大点儿的渔网可以捕捉到更多的小鱼那样。

但长着长着，龟背竹发现，像脸盆那么大的叶片，的确可以捕捉到更多的阳光，但也太容易受到伤害了。俗话说，树大招风，叶子大了，不只是招风呢——热带雨林中不时袭来的暴风雨，不仅会将大叶子扯烂折断，而且叶面上容易积水，影响叶子呼吸，也影响"食物的质量";同时，潮湿的叶面环境，容易滋长真菌；那些凸透镜般的水滴，还会让阳光聚焦而灼伤叶片。龟背竹还发现，随着叶子的变大，自己身上顶层的叶子也剥夺了下层叶子生存的权利……唉，大叶子的麻烦可真多，这怎么可以？

或许它是从一场冰雹或者食草动物天敌的长相中获得了灵感，或许是龟背竹的一个脑筋急转弯，也或许是它整日里苦思冥想着怎样改变现实，总之，慢慢地龟背竹开始让老一点的叶片边缘长出了长长的缺刻，并在靠近叶脉的地方长出大大小小的孔洞。

事实证明，这种改变后主动"残缺"的长相，让龟背竹的生活，从此豁然开朗。生长叶子时，使得劲儿小了，生态适应性却大大提高了。正是这种残缺之美，协助龟背竹顺利走出雨林，走进千家万户。

重要的是，"残缺"带来的益处多多。当热带雨林中的暴雨、台风和飓风等自然灾害袭来时，雨水、狂风会被龟背竹叶子上"地漏"般的孔洞和缺刻裂隙分流，既漏雨又不挡风，叶面的阻力大大降低了；雨水还能够流到植株的根部，滋润它的葱茏。风平浪静的日子，大叶子上的缺刻裂隙和孔洞，可以通透气流，从而调节整株植物的温湿度。也有人说，龟背竹叶子上的洞洞，是一种拟态行为，这些"可怕"的洞洞，吓走了雨林中的许多食草动物……

拥有了镂空叶片的龟背竹，似乎并不就此安于现状，它深知热带雨林中底层植物活得不易，于是又长出了宛若游龙的气生根，这些气生根能够沿着寄主攀缘而上，那里有更多、更充足的阳光呢。而那些貌似残缺了的叶子，让龟背竹的攀爬如虎添翼。

我记得有一篇图文报道上说，在闽南地区，两棵龟背竹像爬墙虎那样，一直爬到了四层楼顶，生命力和顽强的意志力着实了得！

缺刻裂隙与洞洞，是龟背竹对"适者生存"的感悟与践行。

我们都追求完美，殊不知要求完美，本身就是一种不完美。

或许像龟背竹这样，主动变"完美"为"残缺"，才能同命运和时间抗衡！

玩转"雄蕊"的鸭跖草

不知道从哪一天开始，我们头顶上的蓝天成了稀缺资源。

仲夏，当我的眼睛聚焦草丛中蓝莹莹的鸭跖草花时，那种惊喜，不亚于看到久违的蓝天。

鸭跖草花最醒目的两片花瓣，拥有一尘不染的蔚蓝，就像记忆中小时候纯净的天空，蓝得能涤荡一个人的灵魂。不禁疑惑：这鸭跖草花花，是风儿吹落的片片蓝天么？

精致动人的，不仅仅是花瓣，鸭跖草将自己的雄蕊，也设计得别出心裁！

在植物的眼里，靓丽的花瓣，本身并无多少用处，不过是些衣着光鲜的配角，用以招蜂引蝶，吸引"媒人"的眼眸，而相对低调的花蕊（雄蕊和雌蕊），才是演绎植物传宗接代的主角。

鸭跖草用 6 根分工不同的雄蕊，展示了幼小生命智慧的风采。

一般植物的雄蕊，大小、高矮、胖瘦，全都是一个样子，活像一群难以分辨的多胞胎。而鸭跖草却让自己的 6 根雄蕊，长成了 3 种形态——X 型、Y 型、O 型，莫非，它也懂得数学？三短三长雄蕊，不单形态不同，分工也不相同——哦，它还是社会活动家吗？

这种复杂的长相，在植物学上，有个专用名词叫"异型雄蕊"。

异型雄蕊的花和其他花有一个明显的区别，那就是不产生花蜜，传粉昆虫在这种花里可获得的报酬，只有花粉。

鸭跖草花内 X 型的雄蕊，就是花朵中间那 3 个艳丽的黄蝴蝶，在蓝色花瓣的衬托下，光彩夺目，但没有生殖活性。这 3 个"蝴蝶"广告，不仅外形"迷人"，而且还有一个重要身份——兼职访花者的食物。在昆虫们眼里，它们的口感、营养和外形一样棒，是鸭跖草"主人"免费送给访花者的酬金。因为鸭跖草明白，天上不会掉馅饼，想要获得，先要付出。

花瓣底下左右两边两个长长的舒卷如龙须的雄蕊，用暗淡的花药颜色，告诉访花昆虫：这可不是吃的。这两个 Y 型雄蕊，才是鸭跖草花朵里的主角——专门生产有活性的花粉，直接参与鸭跖草的传宗接代。

当访花者埋头大吃时，昆虫的腹部、翅膀上就会沾满这朵花的花粉——两个Y型雄蕊所赐。昆虫在下一朵花上继续进餐时，为鸭跖草完成了异花传粉。

如果花开时不幸遇到了连阴雨，或者访花昆虫被其他花儿勾引得腾不开身，这些状况总是有的。一旦鸭跖草发现自己的雌蕊柱头上未能接受到外来花粉，而雄蕊上的花粉行将老去，或者发觉 Y 型雄蕊被外力损坏掉时，鸭跖草会启动备用方案："自花传粉"——花朵底下居中的 O 型雄蕊，慢慢收缩成 O 型，深情"亲吻"花朵里的雌蕊柱头，实现延迟自交。

自花传粉，大约相当于我们人类的近亲结婚，后代的致畸率很高，无法保障父代的优良性状得以遗传等等。所以，很多时候，植物宁愿把自己的花粉，交给不确定的风，交给需要报酬的昆虫，也不愿意启动看似很方便的自花传粉。

但在鸭跖草看来，万不得已时，用自体受精的方法来繁殖种子，总比什么都不做要来得好一些。

事实证明，小小鸭跖草在其雄蕊花药上的分工协作，有效提高了花粉的输出率，是对自己有限资源的合理分配，是聪明的决策——鸭跖草那闪着智慧光芒的蓝花花，连同蓝色背景下的楚楚"蝴蝶"，早已星星点点飞翔在世界的每个角落，就像天空裁切下来的蓝天碎片，书写着小小草花的自信和美妙。

好多时候，我们一心想着远方，想去那里寻觅美丽的风景和生活的智慧。其实，好多美好的风景，就在我们眼前；好多充满智慧的生灵，就在我们身边。你越是亲近它，了解它，就会越多地发现它的完美。

Roman Vishniac 说："在大自然里，每一小块的生命都是可贵的，而且放大倍数越大，引出的细节也越多，完美无瑕地构成了一个宇宙，像永无止境的连环套。"

我眼前这朵蔚蓝色的鸭跖草花，也是这么说的。

茅草启迪鲁班造锯

"没有花香，没有树高"，茅草朴实无华的小小身影，几乎吸引不了人类欣赏的目光，如果它们不幸混迹于小麦和水稻中，农人会像铲除"野广告"那样，除之而后快。

但它那线条形似乎柔弱的腰身，也曾为人类立下过汗马功劳。"八月秋高风怒号，卷我屋上三重茅"，可见，以天下之忧为忧，渴望拥有千万间广厦，"大庇天下寒士俱欢颜"的大诗人杜甫，当时，就住在由缕缕茅草搭建的小屋中。

远在新石器时代，勤劳的中华先民就在稻谷芬芳的河姆渡田野上，用树干、茅草和泥土搭建起"干栏式"的茅草屋，以躲避风雨和禽兽。

直到今天，茅草屋依然是非洲最典型、最传统的房屋建筑，是80%农村居民的掩蔽所和避风港。与非洲人的观念不同，在英国，茅草屋可不是原始、落后的标志，恰恰相反，茅草屋是英国的国宝。具有百年以上历史的茅草屋，既华丽又古典，加上现代建筑材料的装饰，优雅神秘如一个个童话王国。价格不菲的茅草屋，维护费用更高，因而是富人们的专属——这些被重新定义了的茅草屋，大约连茅草自己也感到受宠若惊吧？

在茅草的生命中，引以为自豪的另一件事，是它的叶子启发了能工巧匠鲁班，从而设计制造出了伐木用的锯子。

相传春秋末期，鲁国一个叫鲁班的工匠，接了一项大工程，这个工程的建设需要很多木料。由于当时没有锯子，他的徒弟们只好用斧头一下又一下地砍伐树木，效率低是不言而喻的。

着急的鲁班决定亲自上山巡查。上山时，他无意中抓了一把路边的茅草，不料手一下子便被划伤了，深割出一条条血口子。鲁班很奇怪，自己一直不在意的小草竟如此锋利？他停下来，摘下一片草叶儿仔细观察，发现茅草细长叶子的边缘，还长着一排不起眼的小细齿，用手轻轻一触，就能够感受到其锐利。鲁班明白了，他的手就是被这些小细齿划破的。

正是茅草"不要轻易碰我"的小小智慧，启发了同样智慧的鲁班——如果把伐

木用的工具做成锯齿状，不是会锋利许多吗？砍伐树木的效率也会大大提高。

大千世界，茫茫人海，每天肯定会有不少人碰到过手被野草划破之类的情况，为什么单单只有鲁班会停下来思索，而我们却在伤好之后，就把这件事忘掉了呢？所以，我们成不了发明家，机会只垂青那些有准备的头脑。

鲁班回到家，第一件事，就是模仿茅草，在一片细长的大毛竹片

上刻出锋利的小锯齿，然后到小树上去试验，效果还不错，几下子就把树皮给拉破了，不一会儿，树干上出现了一道深沟。但是由于竹片的强度较差，不能长久使用，拉扯不久，小锯齿有的断了，有的变钝了，需要重新去雕刻。

当善于动脑筋的鲁班把他的构思诉诸铁匠的时候，快捷省力的锯子，从此诞生了。

在许多资料中，说诱导鲁班造锯的茅草是丝茅草，我却不这么认为。丝茅草叶缘上的纤毛，不足以划破人的皮肤，拔下一棵丝茅草，用它的叶缘在手上来回划动，人只有痒痒感而不会被划伤。

叶子锋利似刀的刀茅草，才有可能是鲁班借鉴的模本原型。因为人若不小心从刀茅草丛中穿过，或者人们收割时，锐气十足的刀茅草，会毫不留情地给人身上留下一条条滴血的伤口，据说朱元璋曾经用刀茅草的叶片割肉吃呢。

无论丝茅草，还是刀茅草，都是禾本科茅草家族里的一员，因此说是茅草启发了鲁班造锯，没错！

操控杠杆的鼠尾草

说一个人卑微时，有人会说"就像路旁的一株狗尾巴草"，那假如说像纤细的老鼠尾巴草，会不会觉得更卑微？直卑微到尘埃里去了。

呵呵，名为"鼠尾草"的植物，才不会这么想呢。其貌不扬的鼠尾草，可是草丛里的智者，这智慧，来自于它在传宗接代大业上，深思熟虑后别出心裁的发明——操控杠杆。

当我们人类啧啧赞叹阿基米德发现了杠杆原理，并利用这一原理设计制造机械时，岂不知，我们脚下的鼠尾草早已灵活操控杠杆，运用了几百万年。

鼠尾草是一个庞大的家族，上上下下几百号"草"。但无论是灌木鼠尾草还是草本鼠尾草，它们的生殖器官——花朵（哦，请原谅我这样说人们心目中美的化身），都拥有完美的杠杆装置。

俯身一株正在绽放的唇形科植物鼠尾草，就会发现它那令人咋舌的智慧。

鼠尾草的花萼、花冠都合生成管子状，但5片花瓣却分裂成上下"嘴唇"的形状，有2片合成像鸭舌帽似的"上唇"，另3片团结成"下唇"，俨然一个袖珍停机坪伸出去。这自然是为红娘准备的歇脚点啦。

上唇的下面有2枚雄蕊和1个花柱。雄蕊的构造颇费心思，药隔延长变成1个可以活动的"杠杆"，支点是花丝和花药的连接处。杠杆上臂长，顶端有2个发达的花粉囊；下臂短，这里的花粉囊只是空有皮囊，起平衡锤的作用。但这"皮囊"的位置极为重要，能够恰好遮住花冠管的入口，大有"一夫当关，万夫莫开"的架势。

当蜜蜂被鼠尾草花朵分泌的蜜汁引诱，想要进入花冠管的深处饱餐一顿时，却发现近在眼前的美食——蜜汁，在"皮囊"的后面，若隐若现，并非唾手可得，还要过"皮囊"这一关。

蜜蜂也不是轻易就放弃的主。它会选择在"停机坪"稍事休息，然后铆足劲，用脑袋使劲撞击"皮囊"。此时，鼠尾草的"杠杆"装置"发力"了——当"皮囊"被向内推动时，上部的长臂自然向下弯曲，顶端的花药开裂，花粉正好洒落到蜜蜂毛茸茸的背上。鼠尾草设计的力臂长度、花粉抛洒的角度，其准确性相当高，无异于天才设计。

而此时，花中的雌蕊尚未成熟，这样的时间差，自然避免了自花授粉。一旦蜜蜂离开，两根有弹性的枢轴会立刻弹回，装置恢复原状，就像什么也没有发生过，静静等待下一个送上门来的访问者。

够精彩吧？其实，到这个时候，鼠尾草导演的精彩好戏，只上演了前半场，有趣的下半场会在另一朵花儿里继续。

就在这朵花儿的附近，在另一朵蓝色或粉色的小小帷幕里，雄蕊刚一"谢幕"，花中的雌蕊便迫不及待地登台亮相了。雌蕊先从帷幕"鸭舌帽"中缓缓伸出头来，伸展，俯身，弯曲，分叉，长成二分的柱头，再次如"皮囊"那样，巧妙地挡在花冠管的入口。

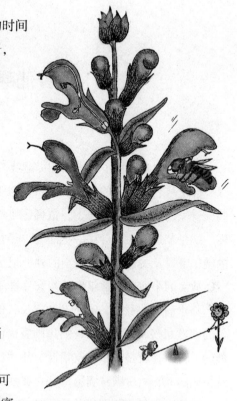

背负着花粉的蜜蜂前来采蜜时，脑袋可以轻松通过悬垂下来的叉子，被叉子蹭过的蜜蜂背部和两侧，正是另一朵花的雄蕊撒过花粉的地方，叉状的柱头巧妙获取了"红娘"身上的花粉，完成受孕……

每当我停下脚步，凝目一朵智慧的鼠尾草花时，我的赞赏、尊敬和感动，都无以言表。没有学过物理学的鼠尾草，究竟经过了怎样的努力，受到什么样的启迪，才设计出如此完美的"杠杆"，拥有这样妙趣天成的"爱情大戏"呢？

路旁的鼠尾草，没有告诉我；西安世界园艺博览园里，那一大片恢宏如普罗旺斯薰衣草田野的蓝色鼠尾草，也没有告诉我……

个子小，没有关系；其貌不扬，更没有关系，学学鼠尾草，貌不惊人的"小家伙"，操控的不只是"杠杆"，它操控着比自己强大很多的物种——聪明的、会飞的昆虫。

博学的阿基米德大概是受到鼠尾草的启迪，说了一句我们至今还在标榜的格言：给我一个支点，我可以撬动整个地球！

香蒲啊，香蒲

满大街叫卖的粽子和绿豆糕提醒我，端午节快到了。

插艾草、挂香蒲的端午节习俗，似乎一日日远离城市，但艾蒿和香蒲犹在。这些天，家门口的菜市场边上，依稀还可以见到装有艾蒿和香蒲的小推车。和往年一样，端午节这天，我会买一把蒲艾，悬挂在家门口。在蒲艾绵长的香味里，年少时的端午节以及关于这两种植物的种种记忆，会渐渐明晰起来。

故乡的小河边，常年生长着大片香蒲。寒冬刚刚转过身去，蒲牙便钻了出来。

临水而居的香蒲，叶子又细又长，像是出鞘的一柄柄绿剑，指向蓝天，却没有剑的凛然寒气。端午前后，河边的香蒲已经很有一番气势了。这个时候，我最喜欢做的一件事，就是拔下一支箭叶，用手指一点点揉碎，香蒲沁人心脾的馨香即刻会从指间腾起，然后满身满脑都是它美妙的香味，比现今的迪奥香水，好闻多了。

父亲在端午前割回家的香蒲叶子，大多以这种形式化为香气，伴我度过一个个溢香的端午节，永远存留在我的记忆里。父亲那时把香蒲叫作"水剑草"，我给它取名"香水草"。

到后来，我才知道，香蒲是我国传统文化中驱虫辟邪的灵草，与兰花、水仙、菊花，并称为"花草四雅"。

和香蒲的香味不同，艾蒿会散发出一种微辣的辛香，苍蝇和蚊子最见不得的，就是这种味道。父亲会把端午节用不完的艾蒿用手搓成草绳，备用起来。从端午节开始，夜晚静静燃烧的艾蒿绳，是那些年夏日里家家常用的花草蚊香。

当年，家里被父亲当"蚊香"用的，还有香蒲的肉穗状果序。这果序，我们叫它毛蜡烛，因为它的确可以像蜡烛那样照明。七八月份，香蒲花期过后，就有毛嘟嘟、红褐色的棒状果序在绿叶中摇头晃脑。香肠般的毛蜡烛，似乎更适合孩子们把玩。折来晾干，醮点儿烧融的蜡烛油，点燃了就是一个精致的小火把，火苗在夏夜长空里舞出各种弧线，至今依然烙印在我的脑海里，不输烟花。

母亲在端午节前夕，则忙着做女红——为我们姐妹赶制红裹肚，用漂亮的绸缎缝香包，用五彩的丝线做花花绳。妈妈那时年轻手巧，穿戴在我们姐妹身上的端午节装饰，总能够赢得街坊四邻的交口称赞，并成为大家纷纷效仿的榜样……

年岁渐长，端午节的女红，一日日离我们远去了，唯有蒲艾，还年年悬挂在我家的门上，生长在我的心里。

大学毕业后上班的第一天，独自一人在单位的园子里转悠，一方小池塘边，一丛丛水草，用它滴翠的绿叶，一个劲地向我点头。走近一看，哦，原来是香水草！我又见到你了。

看着熟悉的身影，闻着熟悉的香味，听着它吸水拔节的声音，我仿佛又回到了故乡，一颗动荡的心，瞬间安宁下来。那天，我像遇见老朋友般，在池塘边坐了很久……

记得中学读到《孔雀东南飞》中的"蒲苇韧如丝，磐石无转移"时，脑子里呈现的，就是小河边那一丛丛茂盛的香蒲。那些厚实而狭长的叶儿，柔韧无骨，是乡亲们手里的宝，用它来编凉席，编蒲团。

香蒲的生命力的确顽强。在无人搭理的小河边，它都能葳蕤成片，何况是被邀请驻扎在植物园的池塘边上。

在一年比一年丰茂的香蒲的装扮下，植物园里那方我当年驻足的小池塘，已经成为园子里的一景。傍晚散步，欢喜抑或是烦恼时，我都会到飘满蒲香的池塘边坐一坐。

坚韧顽强的香蒲，陪伴我走过了一年又一年既悲又喜的人生旅途，无声无息间，我与香蒲，已有默契。

在这个端午节前夕，我写下这些文字，向我心中的香水草致意！

黑面老虎须的心思

第一眼在花市上看到老虎须的时候，我真的很吃惊。

和植物打交道二十年了，这么诡异的花儿，还是第一次见到。

花朵的色彩，全然没有灿烂鲜艳的成分，从花茎到花托，从苞片到花瓣，紫中透出黑色，连那数十条从花瓣基部伸出的几十厘米长、状如虎须的东西，也一样紫得发黑。最醒目的是它拥有的两片硕大而垂直排列的苞片，闪烁着黑缎子般的光泽，猛一看，好像是一只迎面飞来的蝙蝠，让人不由得倒吸一口凉气。整个花朵，从上到下，写满了诡异和神秘。

不知是哪位喜欢猎奇的商人，让这株散发着异域气息的花儿，穿越它从未见过的气候和环境来到这里。这一刻，它满脸诧异地与我对视，不知作何感想？

询问花店主人，答曰：发财猫，又叫老虎须。

发财猫，显然是商家为了商品好销所起的商品名；叫老虎须，可真够形象的。但如此诡异夸张，谜一样的花儿，相信买回家观赏的人没几个。我把鼻子贴近花朵，并没有嗅出特别的味道——香，或者是臭。

回到家，一通恶补资料得知，老家在云南、湖南、广东、广西等地的老虎须，是蒟蒻薯科蒟蒻薯属植物，学名箭根薯。与其叫这个正儿八经的学名，我更喜欢它的俗名蝙蝠花、魔鬼花。看来，对于这种花，第一次看到的人，大都持有相同的见解。

当初，老虎须把自己打扮得如同长着虎须的蝙蝠，肯定是经过深思熟虑的。

长成黑色，倒很容易理解，因为它原本就生长在丛林的最下层。当阳光穿过雨林上层的高大乔木后，已所剩无几，这些"漏网之鱼"，透过斑驳的枝叶空隙洒下来，还会被乔木上一些附生植物捷足先登，能到达雨林地面的光线少得可怜。老虎须将自己的花瓣涂黑，显然是想多吸收些太阳光，以便补给传宗接代的能量。

我理解不了的是，老虎须大苞片的生长方向与地面垂直，这与阴生植物叶片采光的最佳角度不符啊，这又是为什么？

晦暗的色彩，没有香味，不分泌花蜜，就连产生后代必不可少的花粉也少得可怜……这些特征表明，老虎须从没有想过邀请蜜蜂和蝴蝶来为自己做媒。

那么，长出夸张的虎须和威严神秘的蝙蝠翅膀，到底是想借此吸引传花授粉的"媒婆"呢，还是想用来吓唬公然前来啃食的丛林动物？如果是前者，那么这"媒婆"会是谁呢？

曾经，科学家"以貌取人"，将老虎须归入"腐臭气味传粉症候群"——发出腐烂的气味，以此迷惑和欺骗苍蝇、甲虫等喜欢逐臭的"媒婆"，进入花朵的迷宫，从而为自己传粉。萝摩科、马兜铃科、天南星科和兰科里的许多植物，都归属于"腐臭气味传粉症候群"。

可明明老虎须闻不出味道哦，难道它是用一种我们无法嗅到的气味来邀请苍蝇吗？

但凡没有腿，不会行走的植物，在传宗接代方面，大都需要仰仗"媒婆"动物。在如何吸引媒婆方面，它们具有天生的想象力和解决问题的方法，以促使媒婆主动前来拜访。

针对老虎须的种种疑问，西双版纳热带植物园的研究人员曾做过大量的调查研究，得出的结论是：老虎须花徒有与腐臭气欺骗性传粉相似的一整套形态特征，但其繁殖几乎不借助传粉动物，而是依靠自花授粉，而且很大程度上是自主完成的！

呵呵，这个结论，显然不是我想要的，也是我总想不明白的。

植物在选择自己的长相方面，其实是"惜墨如金"的，它们不会徒然浪费能量和时间，鼓捣出一个与自身传播或生存无关的装置。老虎须费力长出的蝙蝠翅膀状的大苞片、虎须状的小苞片，是个例外吗？能够长出如此复杂、令人费解的花器官弃之不用，却选择植物界较为低级的自花授粉，难道它们不懂得自交衰退吗？

莫非老虎须在传粉的空间和时间上，也会像孙悟空一样七十二变？是科研人员用来研究的这种老虎须暂时隐藏了自己的传粉机制，还是老虎须长出的一整套腐臭气传粉特征，曾经只对老虎须的祖先有用，而在已经破坏了的生态环境下，其功能丧失了，所谓的"用进废退"？植物对环境的反应，真的有这么敏捷吗？……

老虎须，你真是个令人费解的谜，我期待有人早日能揭开谜底。

白杨，竞争造就辉煌

北方人对白杨树不陌生。

村舍小路旁，阡陌田野间，一排排的白杨树，背衬蓝天，站成旷远的风景，巴掌大的树叶，毫不气馁地在枝头哗啦啦地哼唱，不时亮出叶背的银白。

在古代诗人的眼里，白杨树是"白杨多悲风，潇潇愁杀人"的悲苦形象。在《诗经》里，白杨和桑树是平分天下的："南山有桑，北山有杨。"白杨树，对于自己在人心目中是何种形象，大概毫不在意，该长叶时长叶，该长高时长高，它只在意自己头顶的阳光和脚下的土壤……

记得在我读小学时，语文课本上刚刚学习了《白杨礼赞》，爸爸就在我家院子前后种了九棵胳膊粗细的白杨树——院子前面种了一棵，院子后面的八棵站成一排。爸爸希望，这些树木中的"伟丈夫"，用它们的伟岸、挺拔和坚强，为我家圈出一方安逸。

从此，白杨树伴我一起长大，成为我童年记忆中存储最多的风景。

不知从何时起，院子前后这群身材相当且同时在我家院落安家的白杨树，在同样的阳光雨露中，在穿行而过同样的风里，长着长着却现出了差异。

独自生长在院子前面的那棵树，主干不怎么挺直，枝杈旁逸斜出，树叶茂密地笼满树冠，但个头显然矮了好多。

院子后面成排栽植的八棵白杨树，每棵都长得又高又直——笔直的树干，树冠相对较小，叶子阔大，风一吹沙沙有声，所有从主干上发出的枝丫，紧紧地收拢着。如果说那棵孤树像一把雨伞的话，这一排树就像八根倒竖着的箭，也像一队整齐列队志气昂扬的士兵，如爸爸所愿，为我家遮风挡雨，站岗放哨。

只三四年的时间，群居生长的白杨树比院子前面的那棵独树，个头高出了足足两米！

按说独居的白杨树接受的空气、阳光和营养，要比站成一排的白杨树多得多，应该高高大大才是，可结果恰好相反，是它太寂寞了吗？

不知道为什么，那时群居生长的白杨树，也让我常常想起一幅画面：一群骨瘦

如柴的非洲孩子，他们挤在人群中，踮起脚尖，手里使劲举起残缺不全的碗，眼里是满满的期待……

我知道，这种联想很牵强——两者的共同点是"用进废退"么？没有学过植物学的爸爸告诉不了我答案。

当懂得自然界一些生存故事后，我渐渐明白了。

秘鲁国家动物园里，原先圈养着一只特别珍稀的美洲虎，工作人员为它圈出6万平方米的绿地，放养了一大批食草动物。起初，食草动物们一看到虎便东躲西藏，渐渐地，牛、羊、鹿、兔们不再惧怕它了。因为美洲虎整天躺在装有空调的虎房里，不是睡，就是吃饲养员送来的调配好的营养餐，连正眼都不瞧它们一下。而美洲虎吃饱喝足了，却是一副无精打采的模样，一点看不到野生状态下矫健的身手。

大家很着急，以为它太孤独了。动物园费了九牛二虎之力，为美洲虎找来一位异性伴侣，但情况并未改善。一天，一位来自乡野的农夫参观动物园，见此情景，向动物园进言：这么大的区域让它独自为王，衣来伸手，饭来张口，它怎么会有活力？

动物园的管理者想想也对，于是在美洲虎的地盘上投放进三只豹子和两只狼。情况真的改变了！自从来了竞争者，美洲虎一下子精神起来。它开始警觉地东走西看，明察暗访，不肯回虎房睡大觉了，连饲养员送来的肉块，都不屑一顾。不久，美洲虎就让它的女友——那只新伴侣，怀上身孕并产下健康的虎崽……

我家院子前的那棵白杨树，像当初"吃饱喝足"了的美洲虎吧？而后面那一排排树——一群没有腿无法走动的树，因为生长在一起，自然要分享阳光、空间和水分。密集的种植方式，让白杨树的潜意识里有了某种危机，危机感又调动了它们体内蓬勃的野性，如同后来有了紧迫感的美洲虎，自然个个铆足了精神，竭尽全力追赶头顶的一米阳光。

也是后来学生物学时，才明白白杨树的这种生长现象，正应了植物"顶端优势"的理论：顶芽优先生长，抑制了侧芽的发育——只因为顶部没有阻挡，能争取到更多的阳光，所以植物的养分就竭力往上跑，让树梢拼命长，结果长得又高又直。

动植物如此，人类何尝不是？优势，大多时候不是与生俱来的，而是后天被激发、被逼出来的。

竞争造就辉煌，贪图安逸，只会让人懒散，变软弱——还是孟轲说得对："生于忧患，死于安乐。"

冬虫夏草

冬天是虫，夏天是草？

第一次遇到这个名字或看到实物的人，大都是这么认为的，我也不例外。当初我对它的理解还定格在多年前看到的《聊斋志异外集》里，有一首诗对冬虫夏草如此描述："冬虫夏草名符实，变化生成一气通。一物竟能兼动植，世间物理信难穷。"

现在看来，是那作者错了，在这件事上，他显然犯了主观臆断的错误。因为冬虫夏草既不是虫，也不是草，更没有身兼动物和植物，而是一种仅仅披着虫皮的真菌。从某种意义上讲，活像是披着羊皮的大尾巴狼。

待我弄清楚了冬虫夏草的生长习性后，不禁为其中只剩下一条皮囊的小虫子鸣不平——这个世界太不公平了，弱肉强食，鸠占鹊巢，一方的得道非得要踩在另一方的累累白骨上么？

可事实的确如此，想想，都觉得寒心。

在海拔 3500 米以上的雪域高原上，盛夏时分，冰雪消融，满身花斑的雌雄蝙蝠蛾在草丛间翩翩然双宿双飞，然后在叶子间产下它们的爱情结晶——卵。入秋后，卵开始孵化成幼虫，以植物叶子为食。冬天来临时，蝙蝠蛾幼虫会随雨水进入潮湿而温暖的地下，以度过高原寒冷异常的隆冬。好在满山遍野都生长着莎草科、菊科、豆科、蓼科和蒿草类植物，它们的茎和嫩根多汁又有营养，是幼虫们越冬充足的"粮食储备"。

不是每条幼虫都能享用这些冬天里的美味。大多数蝙蝠蛾幼虫还没有来得及进到土里，便被蚂蚁、草蝙蛾、山蝴蝶、鸟类等天敌捕食，剩下的，还要能幸运地躲过牛群、羊群的蹄甲，躲过食草动物们的嘴巴——吃草时连同幼虫一同吞下。

和这些瞬间的劫难比起来，被冬虫夏草菌入侵，则是一个漫长而无比痛苦的过程。

蝙蝠蛾的幼虫，天生就该如此苦命吗？

如果蝙蝠蛾的幼虫在整个冬季，没有遇到冬虫夏草菌，那么温暖的地下"粮仓"真可谓虫子们的"伊甸园"，它们会把自己养得洁白丰腴。然而，对大多数蝙蝠蛾幼虫来说，短暂的欢乐生活会终结于和一种真菌的偶遇，"伊甸园"随即成为它们的坟墓！

在几乎同一海拔的地方，还生存着一种真菌叫冬虫夏草菌。入冬后，冬虫夏草菌成熟的子囊孢子，从子实体弹出后，也随雨水渗入土里，一旦发现蝙蝠蛾的幼虫，便迫不及待地黏附在虫子们柔软的体表，快速膨大并伸出芽管，钻进虫子狭窄的体腔，以幼虫的内脏为养料，滋生出无数圆柱形的菌丝，并随虫子的体液在体内循环。

可怜的虫子，根本无法摆脱虫草菌的蛮横入侵，眼睁睁任凭虫草菌以出芽的方式，在自己体内反复增殖却无能为力，这种致命的侵染要维持2～3周。随着蝙蝠蛾幼虫生命体征的一天天消逝，它的五脏六腑逐渐被坚硬的虫草菌丝体塞满。刚刚进入"伊甸园"时柔软蠕动的蝙蝠蛾幼虫，从此成为坚硬的僵虫形菌核。

冬虫夏草菌断了食物来源后，安然进入休眠期。来年春末夏初，从虫子的头部会长出一根圆棒状的子实体。这根从土里窜出的紫红色家伙，高约2～5厘米，顶端有菠萝状的囊壳，怎么看都像是一株"草"，即所谓的"夏草"。

当然，这"草"，是从冬虫夏草菌丝上结出的"果实"，真菌学家称之为"子囊果"，一棵"果实"上长着数以亿万计的种子——"子囊孢子"，这些孢子离开母体后，如果没有找到蝙蝠蛾幼虫的话，只能存活40天左右。大部分虫草菌孢子离开母体后在风中飘散，自然结束自己的生命，只有很少一部分随雨水渗入土壤，找到蝙蝠蛾的幼虫，从此过上可耻的寄生生活，如此年复一年。

秋季，刚刚从卵里孵化出的蝙蝠蛾幼虫，如果不幸吃到附有虫草真菌的叶子，也会在冬天里变成虫草。

至于为什么冬虫夏草菌不去感染菜青虫或其他虫体，偏偏就认定蝙蝠蛾幼虫？这其中的玄机，有静电力学说、主体化学反应学说、体液学说等等，至今尚没有人能真正搞清楚。

地球上也不是任何地方都能生长冬虫夏草。

适宜冬虫夏草生长的高寒草甸土壤多呈黑褐色，含水量常年在30％～50％之间，普遍有10～30厘米的腐殖质层，适合各种菌类的繁殖。在我国，冬虫夏草只出产于以青藏高原为中心，海拔3500～6000米的高寒湿润的高山灌丛和高山草甸上，集中分布在海拔4200～5000米的垂直高度内……

扬手是春，落手是秋，在这一扬一落之间，有多少蝙蝠蛾幼虫在极度的痛苦中，成为虫草菌一袭华丽的皮表？又有多少人为了找到冬虫夏草，不惜将雪线附近的草甸和山坡掘地三尺，留下千疮百孔？

这些坑洞寸草不生，它们是整个草甸走上沙化、荒漠化的"不归路"啊！

在雪域高原的"眼里"，疯狂"挖草人"的滥采强挖，与蝙蝠蛾幼虫眼里的虫草菌丝体，何其相似！

我不知道冬虫夏草的药效会不会有传说的那么神奇，我只知道生成这种"滋补药"的过程是那样的血腥和残忍，这种没有硝烟的生死之战，不是一句"适者生存"就能解释得了的。

我不禁要问：冬虫夏草，你存在的合理性在哪里？

金鱼草挑选红娘

俯身低头，一群群五颜六色、活泼泼的"小金鱼"，就游挤在一株株绿草上。看样子，小鱼儿正在争食同一种美味，因为鱼头齐刷刷地聚集在一起，露出圆鼓鼓的肚子和华丽丽的尾巴，在春风里，炫目而又灵动。

金鱼草，可真是一种热热闹闹的草花呢。

在我眼里，金鱼草不只是热闹，它选择红娘的方式，真的好有智慧。

一种草花，将自己长成一尾尾金鱼的样子，肯定是经过深思熟虑的。

我不知道，最初一种草和一尾金鱼是在何时何地相遇的，但是我可以肯定，当时这种草显然爱上了金鱼，然后努力把自己的花朵长成金鱼的模样。

对于金鱼草而言，花朵长成金鱼的样子，不仅仅是一种思念，重要的是一种生存策略。那圆鼓鼓的肚子，从此成为花蜜和雌雄蕊的避风港，也成为金鱼草挑选红娘的"标尺"。

换个说法就是，金鱼草对前来采蜜的昆虫是有选择的——并非是个"虫虫"就可以随时造访、吸食自己的花蜜。

金鱼草明白，不靠谱的红娘肯定难以保证自己种属的纯正。

金鱼草对红娘的挑选，正是仰仗大大小小如金鱼肚子的"二唇花冠囊"来把关的。囊口就开设在"肚子"和"尾巴"的交界处。

花朵未成熟时，囊口关闭得严丝合缝。雌蕊、雄蕊和蜜腺宝贝似的，都闭锁在花冠囊里面，任谁来都不会张开。

一旦花药成熟，金鱼草会将囊口张开一个小小的缝隙，让其中花蜜的甜香释放出一张"邀请函"：亲爱的红娘，快来吧。

这种邀请函，附近转悠的昆虫肯定也都收到了，于是乎，一个个摩拳擦掌，跃跃欲试。

一只身材短小的昆虫飞过来，降落在金鱼草圆鼓鼓的"肚皮"上。可是眼前的缝隙太小了，小昆虫根本钻不进去。几次失败后，小昆虫开始调整战术，用脑袋使劲撞击囊口，尽管它很卖力，但囊口却固若磐石，它只好识趣地飞走了。

"邀请函"也吸引来了肥肥壮壮的大黄蜂，大黄蜂倒是没费多少气力，就把囊口撞开了。然而，大黄蜂很快发现，自己依然吃不到近在咫尺的花蜜，原因是自己的体型太过庞大，被撞开的囊口快速合拢后，大黄蜂悲催的肚子却被卡在了囊口外面。花囊里面的空间对大黄蜂来说，也实在是太小了，只能后退，不能前进啦。

当蜜蜂唱着歌儿飞来时，金鱼草的喜悦是显而易见的——金鱼草的鱼肚形花冠囊，其大小正是为迎合蜜蜂的身材比例量身定做的。的确，蜜蜂没费吹灰之力，就叩开囊口，探进金鱼草圆鼓鼓的"肚皮"里去了。在蜜蜂享用金鱼草奉献的美味时，蜜蜂背部带来的别朵金鱼草的花粉，正好擦在这朵花的柱头上，从而完成了异花传粉。

吃饱喝足后，当蜜蜂转过身原路返回时，这朵花冠里位于两侧的花粉，又被蜜蜂"扛"在了背上……

瞧瞧，面对比自己聪明、能飞会动的大小昆虫时，主动权也一直握在金鱼草的手里。

春天里，一旦植物园百卉苑里的"小金鱼"们崭露头角，我女儿朝朝小时候最喜欢做的一件事，就是用手指轻压"小金鱼"肚子的两侧，"二唇花冠囊"会随之张开，同时发出"吧"的声响，一如小金鱼在歌唱。朝朝一边吧唧着小嘴，发出"吧、吧"的声音，一边继续让其他的"小金鱼"也欢快地唱起歌来。

那会儿，满地的小金鱼，依然在风中畅游，每一尾小鱼以各自不同的色泽，沐浴着阳光雨露。在吹过它们的春风里，是看不尽的欢喜，看不尽的智慧。

苍耳与尼龙搭扣

金秋，陪朋友在园子里拍照，走着走着觉得小腿痒痒的，还以为又遭遇了蚊子，植物园的蚊子多是出了名的。低头一看，这次冤枉了蚊子，粘在我丝袜上的，是一粒黄褐色的苍耳。环顾四周，并没有看到苍耳的身影，不知何时，苍耳已悄悄选择了我的丝袜，作为它免费的列车。

小时候是领教过苍耳的，于是，小心谨慎地往下摘取，可这粒苍耳并不配合，它执着的钩刺丝毫没有松手的意思，我美丽的丝袜瞬间被洞开！不由得恼恼地对朋友说："你来也不提前打个招呼，好让我不爱红装爱武装。若换上长裤，也不至于牺牲一双丝袜。"

"呵呵，这苍耳，可是《诗经》中的植物'卷耳'呢。在这粒卷耳眼里，你的丝袜就是曾经帮它们迁徙播种的牛羊，好不容易碰到了，当然要紧紧抓住以表达爱意，别不解风情啦。"

这家伙！

的确，植物学家林奈眼中的"黏着植物"苍耳，正是依靠蒴果上"粗野"的钩刺，攀爬在动物的皮毛上，从家乡俄罗斯出发，足迹遍布了大半个地球。枣核形的苍耳，一路高举着尖尖的钩刺，到处都能够看到它们凌厉的进攻姿态。

"秋野苍苍秋日黄，黄蒿满田苍耳长。"每逢秋季，于不知不觉中，你我他都成为过苍耳眼中的"牛羊"，免费携带着它们的种子旅行，是它们迁徙的载体之一。

不得不佩服苍耳的智慧，苍耳没有蒲公英轻灵的降落伞，不具备槭树科植物的螺旋桨，没有杨柳的棉絮，也没有吸引鸟雀的甜美果实，但苍耳独辟蹊径，为自己装备了无数个小手一般的钩刺。

事实证明，这钩子般的手，不比任何植物的远行装备差！

重要的是苍耳的这身"戎装"，曾启迪了一位发明家的智慧，为现代人开启了方便之门。这位发明家名叫乔治，是位瑞士人。

乔治有带狗去户外散步的习惯。有一次散步回家，发现自己的裤腿上和狗身上都沾满了草籽。这草籽非同一般，它牢牢地粘在狗毛上，需要下一番功夫，才能把它扒拉下来。这让乔治感到奇怪，他仔细观察这种草籽，发现草籽上长着无数带钩的小刺，从不同方向紧紧地钩挂在狗毛中间。

钩刺和皮毛，当这两个概念在乔治的脑海中发生碰撞时，我们的生活中，开始多了一个好帮手——尼龙搭扣。尼龙搭扣的一面，"站立"着一根根不同方向的小钩刺，扮演着苍耳的角色；另一面由密密麻麻的小线圈组成，当然其角色是动物皮毛。当两面相遇时，钩刺牢牢钩住了小线圈。

从此，左缠右绕、令人头疼不已的球鞋鞋带，书包、背包上易坏的拉链等，逐渐被容易打理的尼龙搭扣所取代。

类似苍耳的这身"戎装"，用以传播种子的植物还有很多。

鬼针草的种子具有刺毛，还记得小时候毛衣上除毛线球以外，最多的就是它了；牛蒡总苞片先端弯曲，变成许多坚硬的钩刺，在乡下，它总是"傍"在牛尾巴上，可怜那牛尾巴左甩右甩却很难甩掉它；狼把草的利刺末端，长着无数像鱼钩那样向下弯曲的小刺，性情如狼；龙牙草果实的底部呈圆锥形，顶部长着一圈圆钩形的倒刺，类似于电影中的血滴子造型；长着钩状毛的绒毛山蚂蝗豆荚里，一般有六七颗种子，挂在动物身上的豆荚，在动物跑跳时很容易断开或脱落，当豆荚一节节打开时，豆荚里的种子就会朝着不同的方向散播……

这些带钩刺或钩状毛的种子，都能够轻而易举地挂在动物身上，将后代远送他乡。包括很多人，都为这些植物免费服务过。

王莲的水晶宫殿

夏日里，花叶俱奇的浮水植物王莲，是西安植物园里最吸引眼球且上镜率最高的"焦点"。在喧嚣的闹市里，沁人心脾的花香圈出一方静谧和舒爽。王莲的奇花异叶，像一幅别致的风景画，一首纯美的现代诗，瞬间将观者送到热带的某个水域。

老家在巴拉圭的克鲁兹王莲，已经适应了古城西安的气候与环境。曾经在这方西北的水池里，王莲叶片的直径长到了 2.90 米，超过了已知的王莲叶子 2.78 米的世界纪录。这超级大的叶子，除过培育者的精心照料，剩下的就是王莲愿意将他乡当故乡的全部证据。

王莲的叶子大而平展，叶缘向上直立翻卷，看起来就像一个个浮在水面上的巨型平底锅！尽管在一片"叶子锅"里完全可以躺下一个普通身高的人，但王莲长成平底锅的目的，绝不是要"烹饪"人类，也不是要与水中圆月的倒影媲美——那平铺水面的巨大叶子，可以最大限度地接受太阳光的照射，进行光合作用，制造营养，而不必担心被热带赤裸的阳光灼伤；翻卷起来布满利刺的"锅沿"，巧妙地拒绝了水生动物们想在平展展的叶面上晒太阳、睡觉的心思。

尽管如此，当它生长在都市的植物园里时，看到它的人，除过"啊"的一声惊叹外，或许都会聊发少年狂，想到王莲叶子上去坐一坐。因为大家从电视和新闻图片里，早已知晓了王莲叶子巨大的负载力——2010 年夏季，西安植物园发布电视消息，一片王莲叶子上竟然坐上了五个小孩，约 200 斤！叶面只是向下浸湿了一点点，而叶子整体安然无恙，这一奇观一时间吸引得国内媒体竞相报道。著名的铺沙试验也表明，一片直径 1.5 米左右的王莲叶子，能承受 75 千克的沙子。

绝对的王者风范！

王莲叶子锅沿上的利刺，挡得了水生动物，却挡不了人类的好奇心。

和普通叶子薄厚相当的王莲叶子，其巨大浮力的秘诀，在于王莲叶片背面有类似于蜘蛛网的粗壮叶脉。王莲叶子背面正中间位置处是叶柄，从叶柄处放射状排列着无数粗大而空心的叶脉，大叶脉之间又连着镰刀形状较细的叶脉，叶脉里面还有气室，形成了相互交错的叶脉骨架结构。正是这种结构，使王莲叶子具有了很大的承重力，并且稳稳地浮在水面上。

世界上才华横溢的建筑师，也曾经拜倒在王莲的"石榴裙下"。1849年，英国决定举办世界博览会，会址选在伦敦的海德公园。但当时人们以建造世博场馆破坏公园树木为由，提出了强烈抗议。此时，英国一个叫约瑟的著名建筑师，在仔细观察了王莲的叶脉构造以后，提出了自己的方案：以钢材和玻璃为原料，设计建造一座顶棚跨度很大的展览大厅。该建筑不仅不

会破坏公园树木，而且对树木的生长有利。

工程竣工后，果然如其所愿。拱形的玻璃屋顶明亮辉煌，里侧由类似于王莲叶脉的网格状钢架支撑，结构轻巧，跨度达95米，宏伟壮观。既具有足够的牢固性，又免除了许多梁柱——世博场馆就好像一座巨大的温室，保护着里面的树木，人们亲切地称其为"水晶宫殿"。

1851年，第一届世博会成功举办，水晶宫被誉为那届世博会上最成功的展品。"水晶宫殿"不仅轻巧、伟岸、经济耐用，而且为近现代功能主义建筑构建了雏形。

现在，王莲叶子的结构原理已经应用于城市建筑。许多现代化的机场大厅、宫殿、厂房，也都应用了王莲这一超承重力的原理。

假如王莲会说话，面对如此多"山寨"的王莲，它会说些什么呢？

空心管竹子

想必竹子一定非常自豪，文人墨客喜欢咏叹它的空心又有节。相传东晋大书法家王羲之的儿子王徽之指着竹子说："何可一日无此君！"东坡居士面对竹子，吟出了名言："宁可食无肉，不可居无竹。"画家李苦禅为它题联："未出土时便有节，及凌云处更虚心。"

竹子，也是仿生学家在大自然中师从的"高参"。受竹子"腹中空"的启发，人类设计出了空心管，大量用于建筑和轻工业。

竹子从小长到大，茎粗细的变化不是很明显，但是成熟后却长得特别高，几个月间就可以长高十几米。按说这样又细又高的竹子，应该很容易折断，但你折一根试试，轻巧而坚固的竹子，怕是不会给你这个面子的。

聪明的竹子，天生就是个力学家，它懂得把自己的茎长成空心的结构。

中空，有利于快速生长，竹子之所以有现在的高度，功劳完全归于它"腹中空"。取一根直径为5~6厘米的竹子横向截面，会发现，其壁厚仅为直径的十分之一即0.5厘米。有人做过实验，把空心的竹子填充做成实心的，其抗弯曲能力就变为原来的十分之一；竹子做成实心后，在其自身重量的压力下，竹子会摇摆不定，继而站立不稳。假如毛竹长成实心的，经科学计算，只能长到高粱杆那么高。

近代力学之父——意大利科学家伽利略，曾经对中空的固体做过深入研究，他在《关于两门新科学的对话与数学证明对话集》中说道："人类的技艺（技术）和大自然都在尽情地利用这种空心的固体，这种物质可以不增加重量而大大增加它的强度。"

从力学的角度讲，任何一块材料遇到外力发生变形的时候，总是一边受到挤压力，另一边受到拉伸力，而材料中心线附近基本保持不变。也就是说，离开中心线越远，材料受力越大。空心管子的材料几乎都集中在离中心线很远的边壁上，因此，越是优质材料越是向边缘布置。

竹子生长时，就很懂得运用这个道理，它尽可能地让坚硬的材料向周边分布——一方面，用石细胞层、木质化的纤维束等机械组织，武装自己的茎秆；另一方面，使中心的一些薄壁组织"髓部"逐渐退化，这样就形成了中空、木质化的管状结构。

据力学实验测定，竹的收缩量很小，而弹性和韧性却很高。顺纹抗压强度为 8 千克/平方厘米，约等于杉木的 1.5 倍；顺纹抗拉强度为 18 千克/平方厘米，相当于杉木的 2.5 倍。如按单位重量计算，竹的抗拉能力是钢材的 2～3 倍，故有"植物界钢铁"的美誉。呵呵，可见竹子是有资本自豪的。

以竹子为师，人类制造了空心管。空心管重量轻、强度高，比同样多材料做成的实心棒耐受更大的压力和拉伸力，所以建筑工地的支架、自行车的车架等，都用管状材料而不用实心材料。

空心管不但抗弯曲能力强，而且中间还可以输送气体和液体，这也是在我们的生活中到处都用到空心管子的原因……

麦子熟了，沉甸甸的麦穗随风摇摆。细细的麦秆之所以能够支撑得住比它重得多的麦穗，秘密也在于麦秆的"腹中空"。如果用和空心麦秆同样多的材料，做成一根实心的麦秆，就支持不住这沉甸甸的麦穗了。

除竹子、小麦外，许多植物的茎都是空心的，像水稻、芦苇，还有许多小草，动物身体中的许多骨头也是如此——手臂骨和腿骨都是空心的。同样多的材料，做成空心的管状比做成实心的棒状要粗得多，而且任何方向的抗弯曲能力都相同。

瞧！动植物天生就是高明的机械设计手，能利用最少的材料，建造最结实的身体！

荨麻的方"针"

能让人和动物记忆深刻的植物，应该没有几种。荨麻，就是这为数不多的几种植物之一，因为它会"咬人"。植物咬人，大概和"人咬狗"一样颇具新闻价值，自然会让事件的参与者记忆深刻了，或许还要加上一个词：永生难忘！

童年时，荨麻对于我，只是生长在安徒生童话《野天鹅》中的一种植物——艾丽莎公主"用她柔嫩的手拿着这些可怕的荨麻，这植物像火一样地刺人。她的手上和臂上烧出了许多泡来。不过，只要能救出11位被咒语变成了野天鹅的哥哥，她乐意忍受这些苦痛。于是她赤脚把每一根荨麻踏碎，开始编织从中取出的绿色的麻……"

当荨麻从童话中走出，用它那无与伦比的刺，刺中我的手臂后，荨麻的身影，从此凛然地生长在我的脑海中，一辈子。

记得那年去爬翠华山，当我举着相机到处定格山野里的美景时，冷不丁感觉右手臂被蜜蜂或是蝎子蜇了一下，即刻火烧火燎起来，先是点状红肿，后成片隆起。环顾四周，蜜蜂、蝎子被一一排除了，是一株还在摇摆的绿草，暴露了"袭击者"——荨麻。

终于经历了一次艾丽莎当初的苦痛。

一边和刺痛作斗争，一边细细观察起那株荨麻。眼前的荨麻，全然没有了童话中的神秘，不过是一株身高1米左右柔柔嫩嫩、蓬勃生长的草。

它的叶子像手掌那么大，有点像南瓜叶，在叶面、叶背和茎秆上，生长着无数1厘米左右透明的尖刺——这该是植物学上称作"单细胞螫毛"的家伙吧，此刻，它一定因为刺中了我而洋洋得意呢。荨麻的高明之处是当你"中箭"后，无论如何也寻不见嵌入皮肤里的刺，却会感觉一直有针在扎。

荨麻家族中拥有的单细胞螫毛，完全不同于仙人掌和玫瑰的硬刺。表皮毛看似纤细的外观下，拥有着比哥哥姐姐们更强大的内力，天生会注射——螫毛的成分是硅，硅也就是玻璃的主要成分。螫毛上半部分中间是空腔，下部的细胞壁因为已经钙质化，所以很容易折断，空腔内充满了有机酸。人和动物一旦触及，刺入肌肤的螫毛尖端即发生断裂，有机酸瞬间被注入皮下，让"亲密接触者"奇痛难耐。凡招

惹过一次的，大约没有谁愿意对荨麻说"再见"的啦。

　　一些粮仓主人和果农，正是看中了荨麻的这种秉性，邀请荨麻"居住"在宅院和果园的四周，荨麻安营扎寨后，别说蟊贼，就是耗子，也会退避三舍的……

　　当我用随身携带的肥皂蘸水涂抹手臂后，刺痛感开始一点点减轻。那时面对荨麻，已经没有了恐惧，相反，我却生出一种敬佩来——记忆中任人摆布、无法走动的小草，捍卫起自己，竟是如此智慧，如此决绝，真的很有颠覆性。

　　荨麻，该是小草们励志的标本，才对吧？

　　谁让我不小心撞到它呢，它一定是认为我要冒犯它才出击的。荨麻可是严格执行"人不犯我，我不犯人；人若犯我，我必犯人"的十六字方针呢！

　　在荨麻浑身上下密密麻麻的螫毛里，我看到了小草的尊严和威严。

　　人若犯我，我必犯人——那些逆来顺受的懦夫乃至国家，在一株凛然捍卫自己的小草面前，是否会感到汗颜呢？

凌霄花吹喇叭

提起凌霄花，可能许多人脑海里闪现的，是当年舒婷的诗《致橡树》：

"我如果爱你——

绝不像攀缘的凌霄花

借你的高枝炫耀自己……"

是的，我注目凌霄花，也是从这首诗开始的。但凌霄给我的感觉却在诗外。

在我眼里，凌霄绝不会借别人的高枝炫耀自己，相反，它的枝丫里永远蕴含着乐观向上的力量。

单从树名来看，名为"凌霄"，该是凌云九霄的意思，它的花朵也有志在云霄的气概呢。它的美，还有婉约的一面——花梗，从长长的藤蔓枝梢里伸出来，明艳的喇叭形花朵，努力地向天空昂起头，像在追寻，又像在诉说。定格在我镜头里的凌霄花，每一张都是用绿色的纤蔓柔条和橘红的花朵皴染出来的国画。

凌霄婀娜的身影，就盘旋在西安植物园油料植物区的入口藤架上。两株凌霄一经从水泥缝里钻出来，便各自沿着藤架的两根柱子向上爬，茂盛的枝叶，一圈圈护住灰色的水泥柱子，像是为廊柱披了件华美的外衣。在藤架的顶部，两棵凌霄汇合成你中有我、我中有你的一大家子。于是，一个有着通透效果、玲珑别致的巨型立体植物画框，婉约地竖立在油料植物区的门口。

花开花落，这个充满朝气的凌霄画框，定格了数不清的美丽、快乐和甜蜜……

在科学家眼里，喇叭状的凌霄花朵，那大大的开口和狭长的尾部，是充分吸收大自然能量的典范。

科学家以凌霄花为模板，设计制作了微波收集器——形似凌霄花阔口窄尾的微波收集器，灵敏度高得让目标微波无处躲藏，还顺带把微波承载的能量、信息收集起来，充当绿色能源，或将其转换成数字信号。

当然，无论是人眼中的模板凌霄花，还是风景凌霄花，都懂得依靠自身的力量，竭力让每一片叶子置身于阳光最为充足的天空下，绽放出乐观向上的风华。

凌霄会派遣枝丫间为数众多的气生根，紧紧抓住身边的树枝、山石或墙面，一心

一意地"直绕枝干凌霄去"（宋代杨绘的诗句），然后，一步步将花朵举上藤条的顶端。尽管后面攀缘而上的藤条，还会开出更高的花，可是每一朵凌霄花，都为之付出了努力，都将美丽绽放在它攀登之后的最高点。即使藤条的最前端被折断，新发枝条继续攀登的决心是折不断的，它依然会越过老枝，心思单纯地凌云直上。附着物有多高，凌霄花开得比它还要高——看似婉约的凌霄，真的拥有凌云之志呢。

凌霄拥有自己的主根，加上气生根，因此，它只需借助附着物的躯体，而不需要借助它的营养。可以自力更生的花，当然是不需要着力炫耀自己的，勇往直前地向上攀登，只是想获得更多更好的阳光、雨露。

清代著名文学家李笠翁是这样评价凌霄花的："藤花之可敬者，莫若凌霄。"看来，名人眼里的凌霄花，也不全是阿谀的攀附者。

诗人舒婷大概也意识到自己当初对凌霄花的揶揄，后来又写了一篇《硬骨凌霄》的散文，算是为凌霄正名吧。

当然，人类想要展示凌霄的壮志，是不必用正在生长的大树做依附物的，否则，大树会死得很难看。因为，让大树和攀登在它身上的凌霄比活力，对大树是不公平的，抛开凌霄的束缚，它们接受的阳光与空气，也不对等。但即使凌霄有无穷的束缚力，也奈何不了钢筋、水泥、石柱，对吧？

尽管立秋了，但太阳依然炽烈。上午，我又一次从油料植物区经过，入口藤架上的凌霄花朵，从碧绿的奇数羽状复叶间探出头来，宛如举起的一个个橘红色军号，为自己，也为后来绽放的凌霄花，鼓劲加油，从夏天一直坚持到秋天，连周围的空气里，似乎都浸透着凌霄花传递出的正能量。

凝望着太阳下满门盎然的"小军号"，耳边便飘荡起这个季节最激动人心的合奏。

生活在红尘中的我们，很多时候，是需要凌霄花乐观向上的品格的——攀缘在生活的岩壁之上，直面风雨、挫折和苦难，勇往直前，永不言弃！

勤娘子牵牛花

　　自从牵牛花在我家楼下的花池里安家后，它的勤快，让我相形见绌。这勇敢攀登的茎蔓和闻鸡起舞的花儿，日日浇灌我的眼目身心，让我欢欣，给我启迪。

　　楼下花池里原本只有两种植物，地被三叶草和灌木小叶女贞球。去年夏天，一大早下楼后，我发现花池边的铁栅栏上，缠上了一圈嫩绿的茎蔓，走近细看，牵牛花执拗的茎尖，在晨风中正对我点头微笑呢。

　　"欢迎你，这位不速之客。"一阵欣喜，也爬上了我的眉梢。

　　顺着牵牛花的茎蔓，我看见了它的出生地，离铁栅栏足足有一尺远呢！可以想见，前几天，它就混迹在一地的三叶草里，就在昨晚，它才爬到了铁栅栏前并成功盘了上去。

　　下午回家时，牵牛花的绿茎，已经在那根铁栅栏上绕了三圈，足足有三四寸长。第二天清晨，栅栏上的茎蔓，变成了五圈。只三四天的工夫，牵牛花就成功缠绕到栅栏顶，继而改道横向攀爬，兴致勃勃而又乐此不疲，冷冰冰的铁栅栏也因此变得婉约、艺术起来。

　　渐渐地，从紫红色主茎的叶腋处生出好几根侧茎和无数根卷须，大概是高处没有供它们攀附的廊柱吧，牵牛花在空中打着圈生长的侧茎和卷须只好互相纠缠着生长在一起，直到纠缠在一起的茎叶因自身的重量垂落下来，而后又和着老茎一起往前爬。

　　这时，再看铁栅栏上的牵牛花，就有些别样的气势了，它不再单薄，就像一幅用饱蘸绿色颜料的画笔皴染出来的水墨画，娟秀婀娜又不乏勃勃生机。

　　牵牛花大概也知道，它的枝叶已经成了我眼中俏丽的风景。每天下楼后，我都要到牵牛花前驻足几分钟。在我的注目礼中，牵牛花的茎端，开始更勤快地往前往高里伸展，每时每刻都在回旋生长。牵牛花如此勤奋，我不知道已经生长了近两米的牵牛花，终点在哪里？它会一直这样攀爬么……

　　8月初，牵牛花绽开了第一朵花。我下楼上班的时候，紫红色的花朵已经笑意盈盈地吹起了喇叭，傍着栅栏和朝霞，只这一朵牵牛花的流丽，便是"素罗笠顶碧罗

檐，晚卸蓝裳著茜衫”了。

从这天起，每日下楼时，我都能够看到盛开的牵牛花，有时三五朵，有时十几朵。早晨牵牛花恣肆张扬的风景，一点不逊色于初春时桃花的妖娆。

一天，我心血来潮，准备去园子里跑步，6点钟下楼时，想不到有几朵牵牛花比我醒得还早，在晨风中早早横空出世，微微地摆翠摇红呢。

这么早就“起床”的牵牛花，一下子勾起了我的兴趣，它究竟几点钟醒来？为什么会起得这么早？

第二天，我特意早起了一个小时，我要看看，5点钟时牵牛花会不会还在睡梦里？

当我看到牵牛花那一瞬，突然间就感到羞愧了，我小瞧了它——东方刚刚露出鱼肚白，牵牛花不知道什么时候已经“梳妆完毕”，正神清气爽地举着小喇叭“做功课”呢。

回家后查阅牵牛花的资料，方知俗名叫“勤娘子”的牵牛花，早晨4点钟左右就“起床”了。4点钟起床我可做不到，呵呵——对牵牛花的敬佩，又增添了几分。

对于牵牛花的早起，我是这样理解的：牵牛花的老家在亚洲热带，空气湿润，中午阳光炽烈，只有大半天寿命的牵牛花，花瓣又薄又大，在太阳下很容易失水，为了尽快完成传宗接代的重任，牵牛花便竭力早起，赶在中午大太阳前成功吸引“媒人”蜂蝶传粉，然后在大太阳下凋零。久而久之，牵牛花便养成了早起的习惯。

想必牵牛花家族中最初也有伴着朝阳一起起床的，但是在空气湿度大、阳光炽烈的亚热带，在长期的生存竞争中，只有4点左右开花的牵牛花，生生不息地存活了下来。而那些“喜欢赖床”的牵牛花朵，因为早早在太阳下失水，不易被传粉昆虫青睐，从而失去了繁衍后代的机会，逐渐被淘汰了。牵牛花，我说的可对？

适者生存，是亘古不变的真理。牵牛花之所以越过懒惰，越过千年，生存下来，取决于它的勤劳。乔·雷诺兹说：如果你富于天资，勤奋可以发挥它的作用；如果你智力平庸，勤奋可以弥补不足。

成功和勤奋成正比，而成就人生和事业的基石，只能是勤奋。

圣诞树的前世今生

"妈妈，圣诞节到了，你看我买了什么？"女儿手里举着的，是一个小小的塑料袋，包装纸上赫然写着：魔幻圣诞树。

打开塑料袋，里面有两张圣诞树形状的硬板纸，纸板上点染着红橙黄绿，还有一个小塑料盒和一包无色透明的液体。按照说明，临睡前，我和女儿一起将两张纸板对插成树的形状，"栽"进塑料盒中，然后往盒子里注入附带的液体，被濡湿的纸板，也渗透着我和女儿的好奇，慢慢地沉入夜色。

第二天一大早，那个小小的塑料盒里，真出现了一棵别样的"圣诞树"——无数细小的白色晶体，密密麻麻的从纸板上"长"了出来，挤挤挨挨，像一堆堆兴致勃勃的雪花。纸板上涂抹颜料的地方，色彩透过雪堆溢了出来，像是给雪堆穿上了霓虹衫。此时，圣诞树的"枝干"——那个硬纸板几乎看不见了，活脱脱一个彩色雪花圣诞树。

女儿乐得手舞足蹈，围着它叽叽喳喳，不肯离去。

我也感觉到有趣，只是这愉悦持续的时间太短。几天后，一则报道让我心有余悸，说是一些孩子出于好奇，将鼻子凑上去闻甚至去用嘴巴尝那神奇的液体——磷酸二氢钾，结果很悲催：有人头晕、恶心，还有的孩子肚子疼……

唉！这些无良商家，抓住小孩的猎奇心理，仅仅利用毛细现象让高浓度的化学溶液重新结晶，就能够轻松赚钱，也不考虑这种化学试剂是否会伤害孩子。

脚步匆匆中，又一个圣诞节临近了。去年圣诞节的一幕，不时浮现在我的脑海里。既然圣诞节已经融入了我们的生活，圣诞树上七彩的礼物和童话，也能够带给孩子们快乐，还有上帝和一些人，需要我们去感恩。那么，我是没理由不郑重对待它了。

一周前，去花市转，在一盆南洋杉前，我的脚步不由得停了下来——整棵植物是上小下大的自然塔形。纤细的、翠绿色的针叶螺旋状缀满了从主干上烟花般绽开的小枝，那一层层整整齐齐轮生的枝干，在一群观叶植物中显得器宇轩昂。嗯，今年的圣诞树就是它了。当我喜滋滋抱着南洋杉回家时，感觉春天离我是那样近。待

完成悬挂彩灯、铃铛、雪花和小礼品这一系列工作时，我似乎已经听到了女儿欢快的歌声——苍白平凡的日子，因了这棵小小的圣诞树，变得多彩起来。

在这个最寒冷的季节里，如果你愿意，家里的地方也允许，松、杉类这些不知寒冷和疲倦的美丽身影，都可以搬回家充当圣诞树的。比起商场里随处可见的仿真植物，这些傲霜又有傲骨的生命，让身处北方的我们，能透过它们的绿叶，感觉生命的坚强和美好。

松、杉类植物，是我们熟悉的圣诞树种子选手。不知从何时起，老家在我国长江中下游地区的枸骨，摇身一变，成为欧洲人节日里悬挂欢乐的圣诞树。大家或多或少从圣诞节的明信片中，从商场里布置的圣诞花环中，已经看到过那个有着艳丽红果和叶子上长满尖刺的特别身影吧？

枸骨在西安也很常见。细看枸骨，是一种非常有意思的植物呢。

听听它的俗名：老虎刺、猫儿刺、鸟不宿等等，没见过它的人也该知道枸骨是不好惹的。的确，枸骨让全身上下的每片叶子，都从边缘伸出 6~8 枚硬刺，还让叶

尖最大的一枚刺齿反翘起来。呵呵，剑拔弩张的枸骨，意思明摆着：不愿意和动物们友好往来——在北方户外绿色稀缺、果实稀缺的冬日，枸骨在用身上密密麻麻的尖刺，来驱赶贪嘴的鸟儿和四处觅食的小动物呢。

枸骨没有想到，人类也相中了它的红果和绿叶，它的尖刺无法阻挡人类，反而在圣诞节时为人类悬挂起了快乐和愿望，西方人开始叫它"圣诞冬青"——哦，多好听的名字。这样的结局，其实也挺好！大概从此枸骨一门心思地让红果更艳，绿叶更翠了。

枸骨肯定也不计较我剪下它缀满红果的枝叶，插在盛水的花瓶中，然后挂在我家的圣诞树上。

在这个阴霾多于晴天的冬日，枸骨鲜红色的球形果实，在革质绿叶的衬托下，如同一个个小暖阳，让看到它的人心情豁然开朗。更难得，这红润润的果实，会在圣诞、元旦和春节期间，一直陪伴我们。这大概也是欧洲人选择枸骨做圣诞树的首要原因。

这些天，总想起传说中，天使关于圣诞节的那句话："年年今日，礼物满枝。"其实，不用等到圣诞节，也不用等待那个长着白胡子、穿着大红色衣裤的圣诞老人，在平安夜骑驯鹿悄悄赶来。从我抱回南洋杉那天开始，我家的圣诞树上，就已经"长"出了满满的快乐、恩典和梦想……

蒲公英，最轻灵的降落伞

在人类还没有出现以前，蒲公英就率先发明了随风儿扶摇直上的降落伞，它们是如何做到这一点的呢？无人知晓。

这种精巧、轻盈又安全的飞翔工具，迄今依然是人类飞翔欲望的一根标杆，是人们正在模仿研制的典范。我们又大又笨的降落伞，什么时候也能变得如蒲公英一样轻灵呢？

蒲公英的种子上，生长着灵巧柔软的细长绒毛，如伞般张开的绒毛扩大了与空气接触的面积，增强了浮力，加上蒲公英种子量轻质微，如此装备的"种子"，是可以在空气中飘飞好长时间的，最终慢慢地降落在某个地方，在适生环境中生根发芽。

"花罢成絮，因风飞扬，落湿地即生。"——不得不佩服蒲公英妈妈的苦心造诣，在偶然的风里，在轻轻松松的游玩中，蒲公英的身影轻舞飞扬到世界的角角落落。

拥有像蒲公英那样轻灵的降落伞，一直是人类的梦想。司马迁在《史记·五帝本纪》中记载："使舜上涂廪，瞽叟从下纵火焚廪。舜乃以两笠自捍而下，去，得不死。"——用白话文翻译过来即是：有个叫舜的人，有次上到粮仓顶部，瞽叟从下面点起了大火，舜利用两个斗笠从上面跳下，却没有被烧死。

这大概是人类情急之下拙劣模仿蒲公英最早的文字记录了。

18世纪30年代，随着气球的问世，为了保障浮空人员的安全，在中国杂技场上广泛应用的降落伞，开始作为气球的备用保障品进入航空领域。飞机问世后，为了飞行人员在飞机失事时救生，降落伞又有了进一步的改进。1911年出现了能够将伞衣、伞绳等折叠包装起来放置在机舱内，适于飞行人员使用的降落伞，这种降落伞于1914年开始装备给轰炸机的空勤人员。

自从有了降落伞，大大增强了飞行员的安全感，也挽救了不少飞行员的生命——从几千米的高空跳下，飞行员首先以时速200公里的速度呈自由落体式下坠，在拉开降落伞之后，下降速度就降至每秒5米，最后，以人能够接受的速度落地。

无论人造降落伞取得了怎样的丰功伟绩，单是无法随风上升这点，就不好意思和蒲公英相提并论。

春天里，二年生的蒲公英植株，开始开花结籽。花瓣掉落后，蒲公英的花头在一两周内变成精巧的球形，灰白色的球形花托上，螺旋状有规律地林立着百余个头戴冠毛的瘦果，当瘦果由乳白色变成褐色时，就预示着小小的蒲公英种子可以驾风远行了。每个如棉花糖般的头状花序上，种子数量在150粒左右。

蒲公英种子随风飞舞的距离究竟有多远？这不仅取决于经过身边的风力，更取决于绒毛的面积和种子质量之比，比值越大，绒毛越长，种子理所当然地飞得更远。有人观察后得出：天气晴朗的二级和风里，蒲公英大概可以飞翔1公里左右。

这是多么让人羡慕和嫉妒的完美飞翔啊！

到目前为止，人类发明的无动力降落伞只能够从高空缓缓落下。仅仅依靠风力，像蒲公英那样由低往高处飞翔，依然是一个无法企及的梦想。

蒲公英太多了，多到我对它熟视无睹。

路边、石缝、田野、陌上、高山、陡坡，随处都有蒲公英朴实的身影。

一天，当我静下心来，俯身于这个随时准备起飞的小小生命时，心突然明亮起来。望着它那片片绿叶里的兴高采烈，金黄色花瓣里的春和景明，以及白色冠毛结成的绒球状"降落伞"，感动之余无比羡慕：做一株蒲公英，是多么惬意啊！

小小的蒲公英种子，驾驶着无与伦比的降落伞，随风摇曳飘飞，风让它落在哪里，它就在哪里安家。不会去想风曾经多猛，雨曾经多烈，脚下多么贫瘠！或许，脚下的环境不足以开花和飞翔，但它们从不放弃生长，今年不行，还有明年呢，它们有的是耐心。

一捧土，几滴水，就可生根，发芽，长叶，开花，成熟，然后静静地等待风的亲吻、风的助力，再一次起飞，去开拓新领域。天空有多远，蒲公英就能飞多远。

与大树比起来，蒲公英弱得可怜。但蒲公英绝对与"软弱"无缘，它惊人的扩展能力与求生力量，大到不可想象：一株蒲公英能结近千粒种子，每个圆球形的降落伞里就装载有100多粒。种子随风而飞，最远的可飞离母亲几百公里；种子可以忍受零下40℃的严寒……开春，成千上万株蒲公英，又开始面朝太阳，心思单纯地展颜而笑。

不择环境，随遇而安，自由自在，蒲公英生命的过程充满了快乐。

蒲公英的快乐，在于它懂得顺应自然，从不苛求。

生存，取决于条件；生活，来自于内心。

人如果能做到内心淡泊宁静，随遇而安，定会像蒲公英般活得潇洒、坦然，懂得知足，才会快乐！

苦草的爱情传奇

提起苦草，大概没几个人知道。虽然它千百年来就沉静地生长在我们身边的水域里，无论是南方，还是北方。

但是，你一定见过它的模样，在大型的鱼缸里，苦草是鱼儿的森林，鱼儿如音符般在翠绿的叶子间游弋穿梭。拥有半透明的绿叶，长带状，有点像韭菜叶子一样在水里摇曳生姿的植物，就是苦草。

就是这种低调、鲜为人知的植物，却拥有世间传奇的"爱情"。

苦草的长法有点像麦苗刚刚起身的样子，四五片叶子直接长在一撮须根上，这点不像韭菜，还有一根主茎。

在"青春期"之前，雌雄异株的苦草，它们的根分别扎在池塘底的淤泥中，安安静静地生长在水域的最底层。

夏末，雌株上的雌花开始成熟了。这雌花的外貌也很不起眼，3 片绿白色的花瓣，包在 3 枚膜质的筒状佛焰苞里，内含 1 枚雌蕊，3 个柱头，花柱基部有 3 枚退化的雄蕊。

特别的是雌花的花柄，这细细长长的花柄，自苦草的根部伸出，它的长度竟然可以由苦草自由掌控——水深时，花柄铆足了劲地伸长；水浅时，花柄会以螺旋状收缩，这伸缩自如的装置，用以确保雌花稳稳地浮在水面上。

到了"谈情说爱"的时候，雌花被弹簧状的胳膊缓缓举出水面，深呼吸，绽放——苞片打开，露出外翻的 3 枚两裂柱头，柱头上分泌有黏液。在水体表面张力的作用下，雌花瓣将柱头合围形成一个个凹陷，这些凹陷，将是雄花花粉的新"家园"，用来安顿苦草的爱情。

这个时候，雄花的花蕾也已成熟。雄花透过明亮的池水，看到了水面上的"情人"。它开始热血澎湃地缓缓升腾起来，心中充满了喜悦和期待。

可是，走着走着，雄花发现自己走不动了——原来，它没有雌花那螺旋状的花柄，雄花的花柄长度实在是太短了，根本无法企及水面。

多么沮丧啊，雄花和雌花近在咫尺，却被花柄和池水隔成天涯！

水面上，雌花的"呼唤"在继续，可雄花却无法近前，它被困在短短的花柄上。

世间还有比这更残酷的爱情么？这"苦草"一名，是否因此得来的呢？

换做是你，会怎么做？放弃么？

不知道那一刻，雄花进行了怎样激烈的思想斗争，也不知道雄花从哪里获得了一种神奇的力量。霎时间，雄花竟然自己猛烈挣断了维系生命的纽带！它把自己从花柄上撕开，壮烈一跃。在雌花饱含深情的目光里，在圈圈涟漪的祝福中，雄花潇潇洒洒地升起，缓缓抵达水面。待雄花浮到水面上，即刻打开3枚花被片，露出一团团的花粉粒。在"伴娘"风儿的簇拥下，到达新娘的身边，用它裸露的花粉，"亲吻"新娘，实现异花传粉。

婚礼结束后，这大无畏的爱情勇士，开始在水面上独自飘零，在心满意足中枯萎老去。

此刻，那位已经做了母亲的新娘，花瓣渐渐合拢，花柄重新开始螺旋状卷曲，将母子拉到恒温的水面下继续孕育。当苦草的下一代成熟后（每个果实内含成熟的种子150粒左右），再次在水底萌发，开启生命新的轮回，一代又一代。

为了爱情，为了下一代，苦草的举措，犹如壮士断腕一样悲壮。

在这个世界上，不是人人都可以轻而易举地获得想要的东西：爱情、事业、健康……所以，大义取舍就显得尤为重要。

这也是苦草为了爱情，不惜"壮士断腕"给我的启示。

04

第四辑
动植物义结金兰

包心菜雇杀手除敌

在绿色蔬菜的大军中，包心菜的形象显得极为有趣，叶片包裹成圆圆的球体，一副与世无争的样子。

但是，这个世界，不是你不犯人，别人就不犯你的。

春天里，翩翩然双宿双飞的白蝴蝶，就专门在田野里寻找十字花科的植物，尤其喜欢包心菜，这个将来圆头圆脑的家伙是它们中意的"洞房"。春天里的花朵为白蝴蝶营造出"洞房花烛夜"的浪漫，脆脆嫩嫩的包心菜叶将充当蝴蝶子女们的粮仓，一举两得。

这个过程中，对包心菜来说，白蝴蝶是彻头彻尾的祸害吗？也不是。喜欢在包心菜花间嬉戏的白蝴蝶，无意间充当了包心菜的红娘，这对包心菜来说，是非常重要的，所以包心菜会以牺牲菜叶的方式，邀请白蝴蝶。但包心菜又特别反感白蝴蝶子女的贪得无厌，紧接着会采取一系列"手段"对付这帮饕餮之徒，整个过程有趣又复杂，慢慢看吧。

起初，在遍地绿色中，白蝴蝶是怎样找到包心菜的？原来，包心菜等十字花科植物，都含有一种叫芥子油的化学物质。这芥子油独特的气味，在昆虫看来，是最醒目的广告，白蝴蝶闻到后会按"味"索菜。有人做过这样的实验，把包心菜的叶子捣碎，将得到的汁液涂在一张纸上，然后把这张纸摊在菜园里的地上。不久，就会有白蝴蝶飞来，在纸的上空徘徊，最后竟落在纸面上产卵。

可见，包心菜和白蝴蝶都是很有经验的化学家，都比我强多了。我和植物打交道20多年，要我在一大片绿色植物中顺利找到包心菜，我得先做好功课，要将包心菜的植物分类学特征熟记于心——叶子和花朵是什么颜色？长什么样？现在，我似乎不用去死记硬背了，春天的白蝴蝶会领我找到它们。

当我们有包心菜吃的时候，也是白蝴蝶最亢奋、最忙碌的日子，它们在交尾后会把淡橘色的卵整整齐齐地码在菜叶上，不厌其烦。有时候码在叶子的阳面，有时候码放在叶子的背面，多的时候一颗包心菜上会有一百多粒虫卵，菜农们厌恶地称白蝴蝶为"菜粉蝶"。

大约一个星期后，卵就变成了菜青虫。这些蠢蠢蠕动的家伙，出来后第一件事，就是先把卵壳吃掉，接下来，该包心菜遭殃了。

通体绿色、左右扭动的菜青虫胃口真好，只一会儿工夫，它曾经的栖息地——包心菜叶上，就出现了无数大大小小的洞洞。好家伙，照这样的速度吃下去，我们今天肯定见不到包心菜了。任谁看到这些洞洞，都会替包心菜鸣不平。

难道包心菜面对侵略者一点办法都没有，就这样听之任之吗？

如果真这样想的话，那可低估了包心菜的IQ。今天我们的餐桌上依然有包心菜绿莹莹、嫩生生的身影，全仰仗包心菜的智慧，这绝不是人类使用杀虫剂的功劳！

包心菜对人喷洒杀虫剂的做法是极为反感的——杀虫剂虽然杀死了敌人菜青虫，但也杀死了朋友寄生蜂，扰乱了包心菜、白蝴蝶和寄生蜂千百年来建立起来的生态平衡。

并且，人类只是站在自己的立场上，并没有考虑到包心菜的能力和感受。

包心菜是完全有能力对付白蝴蝶的，因为它会雇佣蜂类杀手来保护自己！

这听起来像是童话故事，然而却是被科学家证实了的事实。

当包心菜一旦感觉到有菜青虫在啃噬叶片时，会散发出一系列的化学呼救信号。这信号会吆喝来两种寄生蜂——甘蓝夜蛾赤眼蜂和粉蝶盘绒茧蜂。应邀而来的寄生蜂，"刀枪剑戟"并用，一起对付寄宿在包心菜上的菜青虫。包心菜交给杀手蜂的报酬，正是那些已经孵化出来，正准备大快朵颐的绿色蠕动者。寄生蜂会将自己的卵产在这些虫体里，菜青虫的身体从此又成为寄生蜂后代的粮仓。

当初，白蝴蝶肯定想不到，包心菜会以这种方式，以其人之道还治其人之身。它们低估了包心菜的能力！

很了不起吧，植物花费心思制造出来的气味，不单能吸引昆虫前来帮它们传粉，也会吸引来一些饕餮之徒，当然也可以唤来自己忠诚的卫士。

因为有白蝴蝶的传粉，包心菜才能顺利传宗接代；因为有寄生蜂，菜青虫不可能把所有的包心菜吃完，而菜青虫的啃噬，又限制了包心菜的过度繁殖……

千百年来，包心菜、白蝴蝶和寄生蜂，就这样各自作为生态链的一分子，敌敌我我协同进化。

人类也是生态链条中的一员，不要自视高级、自作聪明地颐指气使或蚕食其他物种。

这该是白蝴蝶的遭遇为人类敲响的警钟。

春羽的加热棒

拂过面颊的风，早已经没有了凛冽的气势，春天，一步步走来了！

如果，春天能长出羽毛的话，那么，这羽毛该是春风吧。

春羽，春羽，当我这样喃喃自语的时候，一株长得有点像马蹄莲的绿色植物问我：你唤我？

哦，是的。在植物大军中，的确有个名叫春羽的家伙。

定睛细看，春羽长得可没有名字这般充满诗情画意。倒是"粗枝大叶"这个词蛮适合用来形容它。

个头很高，坚挺的叶柄上，巨大的叶子呈羽毛状深裂，光亮、墨绿、粗粝的"羽毛"，参差横斜、左左右右排列成心形。一米多长的叶柄，放射状簇生在粗壮的茎上，举着枝枝杈杈的大心叶，远观像半个巨型的绿色蒲公英种子。

北方的冬天，在宾馆或饭店的厅堂里，这个从"巨人国"飞来落户的绿色"蒲公英种子"，瞬间就把看到它的人带到了春天，心底的春色也跟着荡漾起来。从这个意义上讲，叫春羽为春天的羽毛，也没错。

春羽，并不怎么赞同我的自以为是。它说：在老家巴西，我开花时，就是好多小甲虫的春天。

它没有说谎！

春羽的花朵，和我们常见的马蹄莲花朵很像，简直难分伯仲。不同的是，春羽会给自己的花朵加温。在巴西，春羽开花的时间集中在晚秋 11 月—12 月份，这个时候晚上会很冷，气温不超过 10℃。处在这样的温度里，别说虫子，人也由不得缩手缩脚。

天气冷的时候，我们会做什么？会发抖，会跺脚，会增添衣服，会躲进有暖气的屋子里。

春羽比我们能干，它会产生热量！春羽发热的能源，来自雄性小花里的脂肪球，这脂肪球长得像极了哺乳类动物用来产生热量的棕脂。

从傍晚起，春羽开始给中间那根棒状的花序加温，9 点到 10 点，温度会达到峰

值——白色肉穗花序上的温度上升到46℃！摸起来，会有点烫手。

有了这根加温棒，春羽那酒杯状的佛焰苞内，温度也慢慢攀升。这间开设暖气的小小屋子，还会发出特殊的气味——浓烈的辛香中混合着树脂的味道。气味在热量的蒸散下，会唤醒附近一种名叫"拟步行虫"的小甲虫。小甲虫急匆匆踏香飞来，"哐"一下，撞到暖气棒上，跌落进花室底部。一阵眼冒金星后，小甲虫会很庆幸自己成为这个安乐窝里的一员——这里不仅温暖，还有好多好吃的。

春羽，早已备好了大餐——又黏又甜的蜜水，可供200只甲虫同时进餐。

小甲虫们一扫飞来之前的瑟缩，热热闹闹地聚集在这里，吃、喝、嬉戏、繁衍，仿佛来到了虫虫们的"伊甸园"。直到春羽的雄花洒落一阵阵花粉的黄金雨，"伊甸园"里的大餐，此时也所剩无几了。背着花粉出去转悠的小甲虫，又被另一朵刚刚开放的春羽花香吸引，再次"哐"一声，掉进一个新的安乐窝里。

这朵春羽花，借此完成了异花授粉。

据说，春羽将体温维持在46℃所制造的热量，赶得上一只猫咪在睡眠中维持体温的热量，比一只麻雀在飞行中产生的热量要多。

是的，对于如何能够更好地生存和繁衍后代，春羽是蛮拼的。它知道怎样让小甲虫们为自己效力，也懂得如何让季节因自己而流转。春羽，教会了我怎样敬畏植物，敬畏生命！

听见我这么说，春羽害羞了，它慢慢发热了，又一朵花开了……

看到这里，相信你会和我一样，对于我们身边那些大大小小的春羽，该刮目相看了。那些羽毛状粗粝的大叶子上，从此也会缀满更多的眼眸和赞叹。

哦，对了，春羽还有个好听的名字，叫羽裂蔓绿绒，尽管我不清楚这名字是怎么来的。

虫虫与草之间的传奇

大凡植物，无论何等模样与性情，只因了名字中有个"兰"字，便顿觉雅了几分，玉兰、蕙兰、君子兰……朱唇轻启，"兰"音滑出时，仿佛携带着一缕芬芳，在舌尖上缠绕。

但初次看到丝兰的人，一定不会把它的名字和实物相匹配对。

丝兰的模样很像剑麻，有莲座样的叶丛，每片叶子锋利如剑，威风八面地拒绝着想要接近它的食草动物。这点也很像它的同科同属姐妹"凤尾兰"。

细看，丝兰的叶缘牵绊着好多细长的白丝，它的名字或许因此而来。这点很容易让人把丝兰和剑麻以及凤尾兰区分开来。

开花后的丝兰，会突然间变得柔美起来。一串串风铃般的蜡质白花，高高悬挂在直立的圆锥花序上，远观，如耶路撒冷圣殿中的圣器烛台。

那些白色的花儿，似乎一阵风过，就有音乐叮当作响。

关于丝兰，令我瞠目的，不是这柔花与剑叶间的突兀，而是它和一种虫虫建立起来的互惠共生关系，这关系如同寓言故事般神奇。

和丝兰一对一相互依存的昆虫，叫丝兰蛾。

一般说来，昆虫为植物"做媒"，大概有两种方式，一种如蜜蜂、蝴蝶，飞旋于各种花朵间，属于大众"媒人"；还有一种专职"媒人"，一生只为一种花传粉，并依靠该植物繁衍后代。它们之间互惠互利，失去其中一方，或许都将导致两个物种的灭绝！

自然界中，这种一对一的共生关系非常稀少，已知的大概只有三四对。

丝兰和丝兰蛾，就是其中的一对。

丝兰蛾是一种个头小巧的蛾类，是丝兰专一的传粉"媒人"，而且只能生活在丝兰的怀抱里。

丝兰的花是傍晚时开放的，花朵绽开的过程中会释放出香味。这花香，是丝兰向脚下土壤里的丝兰蛾发出的"请帖"。

丝兰蛾接到请帖后，会从蚕茧中爬出来飞离地面，然后将丝兰花朵作为爱巢，在充满花香的爱巢里，完成雌雄丝兰蛾的婚配。之后，雌性丝兰蛾开始飞悬在丝兰的雄蕊上，用它那细长且能弯曲的吻管，收集花粉。然后很细致地用前足把花粉搓结成一个大块。丝兰的花粉非常黏，很容易成型。丝兰蛾有时收集的花粉个头，能达到它头部的3倍之大。

收集好花粉后，这只丝兰蛾便背负着这团重物，飞抵另一朵花。雌蛾还长着一个长长的放卵器，它能利用这伸缩自如的放卵器，刺穿丝兰的子房壁，将身体里的卵，安放在丝兰的子房中。从此，丝兰将开始行使自己的另一个职责——代育妈妈。

丝兰是自交不亲和的，也就是说自己的花粉不能直接传递给自己的柱头，这和人类刻意避免近亲结婚一样，可以少一些不良后代。因此，丝兰高质量的传宗接代重任，必须仰仗丝兰蛾的鼎力合作。

丝兰花有6枚花瓣，位于花中间的雌蕊，是由3根三角棒状结构组成的复合雌蕊，外围有6个分离的扁平状雄蕊。复合雌蕊是中空的，合围成一个假的柱头管，真柱头在管子的底部。因此，花粉只有传递到花柱的底部，丝兰才能授粉。

雌丝兰蛾在丝兰花的子房里安顿好后代"卵子"后，开始为丝兰工作。它会爬上复合雌蕊的顶部，用前足和吻管将搬运过来的花粉球，竭尽全力压入管子的深处，好让花粉球够得到丝兰的柱头。细心又勤恳的丝兰蛾妈妈，为了确保丝兰受精，会将"采集花粉——放卵——压入花粉"的工序来来回回重复多次，不遗余力。

世间的好妈妈大概都具备这样的品德：吃苦耐劳且精益求精！

如此这般劳碌后，这朵丝兰子房中的3室都有了丝兰蛾产过的卵，3个柱头也都经由丝兰蛾压入的花粉而受精，随后结出种子。

作为报酬，丝兰会贡献出自己的一部分种子，养活位于子房里的丝兰蛾幼虫。

假如丝兰没有种子，在自然条件下便无法繁衍；如果没有丝兰花子房的庇护和提供食物，丝兰蛾的幼虫也无法长大，更不能繁殖后代。总之，这一草一虫，千百年来就这样相伴相生，相依为命。

奇妙的是，丝兰蛾似乎知道每朵花里是否有其他姊妹光顾过，也懂得在每朵花上产下多少卵最适宜，更知道适度利用和过度开发的利和弊，让后代刚好吃掉大约百分之十五的种子，这样剩余的大部分种子用以确保丝兰完成传宗接代。

当丝兰的种子快要成熟时，丝兰蛾的幼虫也长大成虫了，它们便咬穿果壁，吐丝下降到地面，然后在土中结茧越冬。那些没被吃完的丝兰种子掉落地上，来年就会长出一株株新丝兰。等到下年度丝兰开花时，新一代的丝兰蛾也破茧而出，再次为生育和传粉而忙碌——如此这般年复一年，往复循环……

我一直很好奇，丝兰蛾是怎样知晓丝兰的雌蕊构造的？难道上帝造物时，就将

丝兰的生理结构信息植入了丝兰蛾的头脑？否则，每年破茧而出的丝兰蛾，怎么不用培训，就能够与丝兰如此心有灵犀？然而至今为止，我无法知晓答案。

在西安植物园的单子叶植物区，有一片用棕榈、丝兰和凤尾兰营造的热带风情区，首次踏入景区的人，都以为走入了南方。这片景区，也是我的最爱。

记得我的一个同事告诉我，他曾经为园子里的丝兰进行过人工授粉，但从来没有看到过丝兰结种子。现在我知道了，他在操作时，只是依据自己的经验，将收集到的丝兰花粉，涂抹到了花中心的复合雌蕊上，也就是假柱头管上，并没有像丝兰蛾那样，懂得将花粉压入空心的复合柱头管，直达底部真正的柱头上。人，大多数时候并不比其他物种聪明哦。

的确，我从来没有见到过我们园子里的丝兰结种子，它们几乎每年都是"花而不实"。但似乎从来也没有人停下来想一想这是为什么？

这些乔迁西安的丝兰，用三个季节的沉默，换来的短暂花香和展颜，自然唤不回原生地生死相随的丝兰蛾。唉！只能说它们"生不逢地"。丝兰的故乡在北美洲，只有在那里，才有它生生世世的伙伴——丝兰蛾。

单子叶植物区的这片丝兰，当初是靠无性繁殖（分苗）的方式来此定居的。

大多数植物因为同时具备有性和无性两套繁殖方式而雄心勃勃、生命力旺盛。借助于人类，丝兰可以撇开丝兰蛾，飞越太平洋，来到一个个陌生地，来到我们身旁。但是，丝兰蛾不同，离开丝兰，丝兰蛾将无法生存……

待我了解了这一虫一草间的传奇，每每经过那片开花的丝兰小区时，我都会放慢脚步，听丝兰铃铛般的花朵摇曳出忧伤的旋律。

这些扎根于异乡的丝兰，还会想起老家的丝兰蛾么？每年，这一嘟噜一嘟噜"花而不实"的白色花朵，该是丝兰的声声叹息吧。北美洲的丝兰蛾，能否感知到这些"游子"丝兰的孤寂与落寞？

锁阳与锁阳虫

在甘肃民勤，我第一次见到了俗称"不老药"的锁阳。在烈日下，锁阳举着深红色棒槌似的圆头，突兀地挺立在一片荒凉的沙土中，那么鲜明，那么特色。

锁阳是当地戈壁滩的名特产，形似男阳，肉质草本，拥有壮阳、通便等诸多功效。秦朝时就有了文字记录，汉朝时已入药。

锁阳把自己长成这个样子，莫非真的很想向人们炫耀自己神奇的功效？只是锁阳大概没有料到，任何与人类壮阳扯上边的野生植物，都会逐渐濒危。这即是锁阳目前面临的现实！

呵呵，抛开其补阴扶阳的能力，单是锁阳的生存方式，就叫人刮目并由衷地赞叹不已。

锁阳是一种非常独特又聪明的寄生植物，寄生于沙漠里白茨或红柳的根须上。

数九寒天，零下 20℃时，别的植物都在蒙头大睡，锁阳却长得正欢。戈壁中，有锁阳生长的地方，皑皑白雪也奈何不了它，锁阳周边方圆一尺内是不会结冰的。锁阳强大的生命能量，能够刺穿严寒，无畏生长。

每年五六月份，休养了一个冬天的锁阳，开始钻出地面，享受蓝天、清风和雨露。它的生长期很短，七八月份即长大成熟，之后，进行自体受精与结籽。

锁阳籽极其细小，千粒重仅为 2 克左右。锁阳的棒状体头部布满了坚硬的鳞甲，小小种子在鳞甲的包裹下，根本无力突围。

不必担心，有2300多年生长历史的锁阳，在繁殖方面，自有"贵人"相助，这贵人，是一种名为锁阳虫的白色小虫子。

锁阳籽成熟后，锁阳虫不请自来，从锁阳的底部开始吃锁阳肉，一直吃到头部。在锁阳虫的身后，便形成了许许多多竖直的空隧道，隧道宽大约二三毫米。锁阳籽在脱去锁阳肉的包裹后，会沿着隧道，像坐滑梯一样，缓缓滑入锁阳底部。

锁阳籽的"滑滑梯"我是亲眼看见过的，记得当时掰开那株锁阳，它的横截面上密布着蜂巢般的小孔，这众多小孔，就是锁阳籽的生命隧道，是小虫子们的杰作。

动植物的联盟，竟可以如此神奇美妙！

锁阳虫为什么不从一个地方开始，如蚕般进食，而是选择了打通隧道的吃法？为什么锁阳虫只吃锁阳肉而不吃种子？锁阳和锁阳虫之间，究竟达成过什么协议？没有锁阳的地方，锁阳虫如何生存？看到锁阳的那一刻，心中不由得冒出了这么多问号。

当然，这一连串的问号，我手中的锁阳不可能回答我。后来，我在书上也没有找到答案……

当锁阳体内的种子，在锁阳虫的帮助下，一个个顺利滑行到圆柱形的茎底，这个时候，时令也快到了冬天。锁阳的这些下一代，会跟随锁阳内部倒流的水分，穿过锁阳与寄主连接的通道，轻松进入寄主白茨或红柳的根部，寄宿安顿下来，气定神闲地吸收白茨或红柳的养分，慢慢成长、壮大成为一个拳头大小的包。

开春，将会开始又一轮的生长、繁殖，如此年复一年。

瞧，这真是应了"有舍才有得"这句话。聪明的锁阳只是舍去了一点肉身，却延续了绵延千年的香火。

人生也同样，不必斤斤计较眼前的得失，若想得到一些东西，必然要敢于放弃一些东西；如果舍不得放弃，又岂能奢求得到呢？

幸福是一个大萝卜

冬天来了，蔬菜的主角也该换换啦！

看，脆甜爽口的萝卜，第一个拍手欢呼。

记得易中天说过：幸福是一个大萝卜。在那个缺衣少食的年代，冬天有萝卜吃，当然是很幸福的事！当光阴呼啦啦翻过了那页，定格到眼前这个反季节蔬菜爆棚的日子，应季萝卜想当主角的心愿，借着"冬食萝卜小人参"这句话，似乎也很容易实现。因为它符合大部分人的养生观，也让一些人因它而怀旧。尽管萝卜的口味并不怎么讨巧。

曾几何时，这个最最亲民的蔬菜，也拥有着"菲""菜菔"这样温婉而馨香的名字。2000多年前的西周，《诗经》中有个被遗弃的妻子手里拿着萝卜，哀怨地对喜新厌旧的丈夫说："采葑采菲，无以下体。"——只采摘葑菲的叶子，你却忘了它们的根！女人婉言劝夫不要只重颜貌而不重品德，不要只看招摇的叶子而忽视了深埋在地下的根。

唉！男人的花心，看来至少有2000多年的历史了。这个妻子，手里该拿一个花心大萝卜来比喻才对么。《诗经》中的"葑"，指蔓菁；"菲"，就是萝卜。

大家都清楚，萝卜可不是娇生惯养的，它的生长不择环境。在雪原，在旱地，在水畔，有波浪形绿缨子的地方，总能看见它们在风中摇摆舞动。萝卜优秀的根茎，一直低调地生活在黑暗的泥土中，没有人知道它们是如何默默地汲取日月大地的精华，让自己变得甘味、脆生、水灵，富有内涵，只有在拔出萝卜的瞬间，那嫩生生、浑圆光洁的"腰身"，才让人感叹生命的华美。

萝卜为自己的成长，是制定了日程表的：第一年努力存储养分，为开花结籽做积淀。待来年春暖花开，萝卜缨子一返青就抽薹开花。此时，萝卜里的营养，从地下齐刷刷聚集到地上的花果里，萝卜心自然就"糠"了。

在人类洞悉了萝卜的日程秘密后，于第一个年末，也就是萝卜养分积累最充足的时候，将它拔出，当蔬果吃。

这虽然出乎萝卜的意料，但萝卜们并不因此灰心。当你在一望无际的菜田里，看

到兴致勃勃的大萝卜时，肯定相信我的看法——大多数植物在没有结籽前都会被吃掉，但植物们并不会因此消极怠工、病态生长。对植物而言，机会除过自己的这个"万一"，还在大家族里每个兄弟姐妹们的身上。为了家族的繁荣，个体就是明白即将被吃掉，也还会兴高采烈地生长并前赴后继。这让我面对植物，唯有感动。

与萝卜相处越久，人类发掘萝卜的优点就越多：维 C 含量高得惊人，是苹果和梨的 10 倍；含有的糖化酵素，能分解食物中的亚硝胺，可大大减少该物质的致癌作用；含有钙、磷、铁、锰、硼等微量元素，以及粗纤维、木质素、葡萄糖、蔗糖、果糖等营养成分；可以消食、化痰定喘、清热顺气、消肿散瘀……难怪医学美食家李时珍曾这样定义莱菔："可生可熟，可菹可酱，可豉可醋，可糖可辣可饭，乃蔬中之最有利益者。"

仅凭这段话，你我什么时候请萝卜当主角都没错。李时珍，你真是萝卜的知己呢。

除过对李时珍心存感激外，萝卜肯定还想当面对一个人表达自己的感谢，这个人是武则天。因为女皇曾经吃萝卜时，以为自己吃到的是燕窝，这是多高的荣誉啊。从此，萝卜在"牡丹燕菜"这道洛阳水席的头牌菜里偷着乐。大概此后，萝卜开始跻身于高级宴会，与海鲜和山珍平分秋色，像苏州的干贝萝卜汤、福州的鲟肉烧珍珠萝卜、湖南的蛏干烧萝卜……

飘雪的周末，我喜欢请萝卜做主角，艺术地摆放好糖醋萝卜条后，我会用砂锅煲一锅热乎乎的萝卜炖羊肉，然后静静地看羊肉的燥热如何在萝卜的温柔里一点点融化。氤氲的香味中，弥漫着温暖的家的味道——幸福的味道。

金合欢树的爱与哀愁

热带的阳光下，背衬蓝天绿草的金合欢，风姿绰约，亭亭玉立，修长的枝条，托着两排对称的羽状小叶，密密的似乎能改变风的颜色。

作为风景画里的主角，金合欢树常置身于广袤而野性的非洲大草原上，身边有数不清的野生动物，长颈鹿、大象、羚羊、斑马……

能够在食草动物林立的大草原上立足，金合欢可是没少做功课。

长出锐刺，是大多数植物能想到的对付食草动物的首要策略。金合欢让自己的刺足足有 5~6 厘米长，而且是 360°全方位、多角度、多层次生长，的确是用心良苦啊。这些与它那飘逸的外表不相称的张牙舞爪的巨刺，也着实吓跑了部分食草动物，可用其对付狡猾的长颈鹿，就有点心有余而力不足了。

长颈鹿是真正难以对付的主，它会用既细又长的舌头，灵巧地把金合欢的叶子卷住，再从锐刺中抽离出来。更可气的是，长颈鹿的舌头上有一层厚厚的皮质，锐刺也奈何不得。

还是想想其他辙吧，金合欢想到了化学武器并投入使用。

一旦金合欢感觉到长颈鹿在啃噬自己的叶片时，立马向叶子里分泌一种毒素，当毒素传递到叶片时，正在用餐的长颈鹿会产生强烈的恶心感，于是不得不住嘴停下来。一般来说，从金合欢开始警觉到毒素遍布叶片，大概需要 10 分钟。

所谓的"道高一尺，魔高一丈"吧，历经了恶心折磨的长颈鹿也变聪明了，它们在一棵金合欢树上啃吃叶子的时间，不会超过 10 分钟。一旦尝出毒素的苦味，就会寻找下一棵树。

金合欢也在不断调整战略。不甘示弱的它在释放毒素时，会同时释放一种类似于报警的气味，向周围的同伴们发出"敌人来了"的信号，大家团结起来，一起对抗入侵者。借着风势，方圆 50 米以内的金合欢都会接收到警报，它们会立刻释放出毒素。

针对此，长颈鹿也慢慢悟出了对付金合欢的方法，它们一旦发觉一棵树的叶子开始变苦，就会逆风向去寻找还没有接收到信号的那些树。

直到现在，金合欢和长颈鹿较劲的故事，还在继续，这个故事中，分不出谁胜谁负……

金合欢一方面要与草食动物协同进化，另一方面又为大型食肉动物提供了饱食食草动物的理想场所，炎阳下，只有金合欢树下凉快哦。以致它飘逸华丽的树冠下经常是累累白骨，因此，金合欢又是非洲草原上所有故事中魔鬼"出没"的地方，这也是金合欢在当地名声不好的原因。

金合欢可管不了这么多，它要对付的劲敌，还有大象和其他昆虫呢。

大象也喜欢啃食金合欢的树叶和树皮，象群所过之处，仿佛给植物做了一次失败的外科手术。如果任其大肆践踏、咀嚼，完全可以将金合欢丛生之地，变成空旷的草地。

金合欢这次采用的招数令人忍俊不禁：用微小的蚂蚁来对付自然界的超级大块头！

金合欢肯定知道《圣经》中，那个个子小小的勇士大卫，击败了腓力士的巨人将军歌利亚的故事吧。

在金合欢的眼里，大象虽大，但也有类似"阿喀琉斯之踵"的死穴，那就是它长长的鼻子。阿喀琉斯是古希腊神话中的英雄，他因为被母亲握住脚踵浸入冥河，所以虽然周身刀枪不入，结果脚踵未浸水处竟成了"死穴"。

大象的"死穴"是长鼻子，它的鼻子里面布满了神经末梢，如果蚂蚁爬上或爬进大象的鼻子，这样的折磨会让外表强悍的大象抓狂，对于在鼻子内外攀爬刺螫的蚂蚁，大块头只有干着急的份，却没有办法驱赶。因此，大象看见有小东西驻扎的金合欢树，都会绕着走，甘拜下风。

金合欢的巨刺，一般都是空心刺，这刺可以是武器，也可以"装修"成蚂蚁的卧室。当地的土壤在雨季来临时灌满了水，而到了旱季却变得干裂难耐，因此不适合蚂蚁在地下筑窝。金合欢便大大方方地邀请小蚂蚁住进来，并好吃好喝地招待它们，其目的很明确，那就是利用小不点儿来对付超级大块头。

小蚂蚁懂得"投我以桃，报之以李"，也懂得捍卫自己的家园。一旦发现有外来入侵者，不管对方是大块头还是小不点儿，小蚂蚁都会勇敢无畏地群起而攻之——当大象来啃食树皮、树叶时，小蚂蚁会爬上、爬进大象的鼻子猛螫，令大块头灼痛难耐。而当它们发现天牛在金合欢树上钻孔的龌龊行径时，会通过吞食天牛的幼虫将它们消灭殆尽……

耐人寻味的是，科学家们进行对比试验，把金合欢用篱笆隔离起来，让大象、长颈鹿等大型动物吃不到它的枝叶，却发现金合欢很快出现病态，甚至停止生长，不

几年就一命呜呼。而没受保护任由长颈鹿、大象啃吃的金合欢树依然长势良好。这样的结果，大大出乎研究人员做试验的初衷。

想当初，当金合欢看到长颈鹿和大象再也吃不到自己时，兴奋地枝叶乱颤——虽然依旧是栉风沐雨，但终于可以平平安安、快快乐乐地生活了，这和研究人员起初的想法一致。然而，金合欢高兴得太早了，它的哀愁也正由此开始。

从被篱笆圈起来开始，金合欢觉得再也没必要讨好蚂蚁，于是便不愿意再费心费力地去制造空心刺和蜜汁了。这么一来，保镖小蚂蚁们不乐意了，所谓"你不仁，也别怪我们不义"——金合欢的天敌天牛来了，小蚂蚁睁一只眼闭一只眼，听之任之，懒得去出击了。

因为金合欢树分泌的蜜汁少了，"僧多粥少"，小蚂蚁开始自谋出路——在金合欢树上饲养一种能分泌蜜汁的介壳虫来解馋。金合欢树停止分泌蜜汁后，小蚂蚁便成倍地扩展介壳虫饲养业。要知道，这种介壳虫是靠吸食金合欢树的汁液为生的。

可悲的是，另一种不负责任的蚂蚁也乘虚而入，这种蚂蚁不但不消灭天牛，还鼓动天牛到金合欢树上产卵，因为它们就住在天牛幼虫挖的洞里。即使金合欢树死了，对这种蚂蚁来说也无所谓，它们在死树上照样能生存，因为这些蚂蚁可以在别的地方觅食。

金合欢的灾难开始了！

金合欢也慢慢明白了，对自己来说，被食草动物吃掉一些叶子，反而有益于自身健康。因为长颈鹿会吃掉那些多余和干枯的叶子，促进了新叶的生长。

至此，金合欢终于明白了——能被吃到，也是一种幸福哦！不允许食草动物的啃食，是得不偿失的，大象和长颈鹿才是自己给保镖小蚂蚁提供食宿背后的原动力！是自己没有珍惜长期以来和蚂蚁建立起来的友谊，现在后悔也来不及了……

呵呵，金合欢因为短视，不愿诚心犒劳自己的保镖蚂蚁，而让危害它们的昆虫乘虚而入，结果反而让自己陷入了绝境。

做试验用的篱笆很容易拆除，但是人类引起的非洲大型食草动物的减少，不同样是威胁金合欢性命的"篱笆"吗？金合欢、蚂蚁、大型食草动物构建的"战争与和平"一旦被打破，后果将不是我们所能预料的。

因为一种威胁的消失而丧失警惕，另一种意想不到的威胁会突然跳出来给你一拳重击。

这种状况，在我们的日常生活中也常常出现，不要像金合欢那样追悔莫及哦！

石斛与飞鼠的生死与共

柔韧的茎蔓上，碧叶如羽；金黄色藕形的茎节，成熟时有玉的质感，有古代仕女发髻上钗子的优雅；春夏，清灵娟秀的白色小花，从悬崖峭壁的崖缝里伸出头来，像是在吸吮白云时被定格了，一丛丛的纯白、亮绿与金黄，站在陡峭的崖畔，是一幅让人诧异的画。云雾是它头顶的诗，雨露也因它找到了存在的理由。

在神农架自然保护区里，当地人提起金钗石斛，津津乐道之时，不忘记为它涂抹上一层神秘的光环。说它择悬崖峭壁而生，怯阳喜光，既要采得太阳光直射谷底水面后的折射光与散射光，也要能听到溪流泉水的叮咚声才能生长，被道家列为"九大仙草"之首……

《本草纲目》称之为"千年润"，有滋阴清热、养胃生津、抗癌等效；《神农本草经》则说它是"本经上品"，自唐宋以来历代皇帝都把金钗石斛列为上等贡品；用金钗石斛的鲜茎泡水喝，是梅兰芳、马连良等著名艺术家润嗓的良方……可谓盛名远扬。

的确，兰科附生植物金钗石斛，生长在海拔 1800 米以上人迹罕至的悬崖峭壁上，稀少而珍贵，采摘它有时还会付出生命的代价。即便如此，野生金钗石斛的身影依然在减少，已经走到濒危的边缘。20 世纪 90 年代，金钗石斛被列为国家重点保护野生中药材。

金钗石斛的根，是一种罕见的海绵状组织，对生长环境内的水分和通气状况的要求极为苛刻。最好的生存状态，是以须根紧紧抓住腐殖质聚集的岩石缝隙，饮用岩缝水和夜晚的露水。石壁上过多的黏土和水分，都会让金钗石斛的根腐烂，导致植株枯萎；在干燥的石壁上一样生长不良。最为重要的是，金钗石斛的生命里，有一种动物的粪便一定不能缺少，即所谓的"有土不生，无粪不长"。这粪来自于金钗石斛的好朋友鼯鼠，当地人称飞鼠。

不知从何时起，"仙乐飘飘"的金钗石斛，与飞鼠建立了友好邦交，这对跨越性情和种族的伙伴，从此互惠互利，你侬我侬。

飞鼠非常喜欢金钗石斛散发出来的香味。在飞鼠看来，这种花不但好闻，而且

还会帮助自己发育（金钗石斛体内含一种促使飞鼠发育的生长激素），于是飞鼠常常去拜访金钗，临走时不会忘记"施肥"。而金钗的生命，因了鼯鼠粪便（无灵脂）的滋养变得茂盛葱茏；依靠飞鼠，金钗石斛还免去了来自其他生物的蚕食。

金钗的卫士飞鼠，重约 10 千克，面似狐，眼如猫，嘴如鼠，耳像兔，爪像鸭，这种"五不像"动物，就像是从另一个星球来的。当它从高处向低处跳跃时，前后肢之间两片薄薄的蹼膜便如机翼般张开，可以滑翔 500 米左右。飞鼠就栖息在金钗附近的石缝中，一旦发现有谁胆敢侵犯自己领地上的金钗时，即刻前往保护它的植物朋友，毫不迟疑。

金钗选择生长在悬崖绝壁上，大概是想远离人类图清净。然而，人类为了自己的私欲，全然不顾金钗是怎么想的，甚至也不顾及自己的性命。药农采摘金钗时，先将绳子的一端牢牢拴在悬岩顶的大树上或凸起的尖岩上，另一端系在自己腰上，然后顺绳而下，在峭壁上寻找挖掘金钗。

这种盗取金钗的做法，让金钗的好友飞鼠"义愤填膺"。仿佛从天而降，飞鼠会扑到药农的吊绳前狠命啃咬，直至咬断绳索，药农坠崖而亡。类似的事情经历多了，采药人慢慢明白了这一草一鼠之间的关系。于是，当采药人看到飞鼠啃咬绳索时会射杀，后来稍微人道点，想出一个专门对付飞鼠的办法：在绳索外套上一节节竹筒，飞鼠上前啃咬时，竹筒会呼啦啦转动起来，竹筒内的绳索则毫发无损。在人所谓的智慧面前，相对弱小的金钗石斛和飞鼠便无可奈何了，它们生存的空间亦愈发狭小。

以往看古典神话小说《白蛇传》和《西游记》时，其中的盗仙草情节总有神兽护卫，需一番厮杀，战胜护卫后方可获得。一直以为这不过是神话，待我知晓了愿为金钗"两肋插刀"的飞鼠后才明白，原来"仙草"的跟前真的有"生死与共"的护卫。

集天地之灵气，吸日月之精华，金钗石斛，依然充满神奇地长在悬崖壁缝里，从生境到形态，从药效到与一种动物建立起来的"友谊"，都让人敬仰。

多么希望所有的人都仰视它们，别再打扰它们的生活。

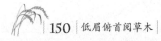

树与鸟的生死恋

"砰——"的一声枪响后，世界上最后一只渡渡鸟应声倒地。鲜血，染红了卡伐利亚树的果实。

1681 年，卡伐利亚树的年轮中永远镌刻着这个年份——自从人类登上了毛里求斯岛，之后的 200 个年轮中，一群群肥硕可爱、温顺笨拙的渡渡鸟，相继倒在卡伐利亚树的浓荫下，倒在人类的棍棒、枪口等贪欲之火中。

自从渡渡鸟一个个倒在血泊中后，目睹了整个悲剧的卡伐利亚树，从此不再有种子发芽！即使人类采用最先进的方法处理种子，也唤不醒沉睡中的那一抹新绿，像是要为渡渡鸟殉情。

难道卡伐利亚树被渡渡鸟的悲惨遭遇吓傻了？当地一位植物学家失望地写道："看来，岛上残存的那几棵卡伐利亚树死去之后，它们就要在地球上灭绝了。人类眼看着这种珍贵树种走向灭绝，竟不知道究竟是为什么？"

的确，在渡渡鸟消失后的 300 年里，曾经遍布全岛的森林之王——卡伐利亚树，仅仅剩下了 13 棵！从 1681 年起，再也没有见过有新生命冒出地面……

时光倒退到 16 世纪前，四面环水的火山岛国毛里求斯，也曾一片祥和，"鸢飞戾天，鱼跃于渊"，椰林树影，百鸟欢唱。

岛上随处可见的卡伐利亚树，拥有 30 米的身高，4 米的树围，高大俊朗，器宇轩昂。幽静的林下，一群群体长 1 米和火鸡差不多大小的渡渡鸟，一边摇摆着肥硕的屁股，一边悠闲地啄食卡伐利亚树交给它们的果实，这果实太多了，多到大鸟们似乎永远也吃不完。

岛上也没有大鸟的天敌，不用为食物发愁的渡渡鸟，翅膀一天天退化了，天空里再也看不到它们飞翔的痕迹。

夏日里偶尔张开的双翅，只是为了让自己更凉爽一些。

噩梦是随葡萄牙殖民者首次登陆毛里求斯的海滩而开始的。

起初，当一群体态肥硕、步履蹒跚的渡渡鸟在岛上发现人这种动物时，竟毫不畏惧地凑上前去，过分热情地表达着它们对人类的亲昵。

可是，渡渡鸟毫无戒备的举止，换来的却是殖民者血腥的棍棒——不会飞，也跑不快的渡渡鸟，很快成为人类的饕餮大餐。鱼贯而来带着来复枪和猎狗的欧洲殖民者，残酷地辜负了渡渡鸟的满腔热情！

他们甚至不屑地称大鸟为"dodo"——葡萄牙语"笨笨"的意思。

渡渡鸟的数量开始日益减少，在见到人类不到 200 年的时间里，渡渡鸟从毛里求斯岛彻底消失了。卡伐利亚树从高空悲痛地注视着这一切却无能为力。树们忘不掉一个个渡渡鸟倒在自己脚下时，充满恐惧和绝望的眼睛。

其实，这种树的日子，也好不到哪里去——人类也看中了它坚硬细密的木质，继而大肆砍伐，300 年后，岛上仅余 13 棵！它们是要决绝地追寻渡渡鸟而去吗？

直到 1981 年，美国生态学家坦布尔教授来到毛里求斯。他深入研究后得出结论：渡渡鸟与卡伐利亚树相依为命，树为鸟提供食物，鸟为树播种，它们休戚与共，生死相依。

原来，卡伐利亚树的种子外面包裹着一层坚硬的外壳，种子本身无法冲破，必须借助渡渡鸟强大的胃液消化一部分后，才能发芽，生长。所以，没有了渡渡鸟，这种树便不育新苗了。

坦布尔把与渡渡鸟习性相似的火鸡整整饿了一周，强迫它吃下卡伐利亚树的果实。种子经由火鸡的肠胃消化后被排出体外，坦布尔把它种进苗圃，不久，苗圃里真的长出了久违的绿芽！——呵呵，卡伐利亚树这次惊奇地发现，人类居然帮助了它，而不再是谋害它！

然而，渡渡鸟却永远离开了我们，连一架完整的骨骼都没有留下。如今，我们只能从化石、图片和著名童话《爱丽丝漫游奇境记》中，感受它的笨拙与可爱，在内心描摹"爱用莎士比亚的姿势思考问题"的渡渡鸟的音容笑貌。

同样，永远离开我们的还有 1914 年死去的旅鸽，1981 年消失在我国异龙湖的异龙鲤……

它们走了，我们还在……

人类，也是生物链上的一环，没有了这些物种的陪伴，人类将会……

这个真不好说！

画 "饼" 充饥

看似静谧的热带雨林中，空气湿度高得骇人，一旦进入其中，身上的毛孔在全部张开了后，人依然感觉湿热难耐。可以想见，一直待在此地的植物们的感受。

生长在热带雨林底层的海芋，把对高温高湿的抱怨，化作成长的动力，甚至用来让智慧闪耀——为我所用，唯我独"尊"。

水，对海芋来说，实在是太多了，多到心生厌恶。

不甘沉沦的海芋，给自己的叶子表面覆盖了一层非常细小的显微结构，这种结构的妙处在于几乎能把水滴架起——只有百分之二的雨水能接触到真正的叶表，而流走的水滴，顺带清扫了叶子表面上的细菌和灰尘。

在叶子内部，海芋也进行了重大改良，它可以做到像人一样"出汗"，当它觉得湿热难挡，体内的水分过多时，就会通过自身的导管将水分连同抵御害虫所分泌的毒素碱，一起通过气孔排泄出来，在叶尖部位凝成水珠。

这水珠晶莹剔透，泛着蜜露般的光华，是海芋的汗珠，也是它的秘密武器。

来此觅食的小昆虫，若把这蜜露当作露珠喝了，或是不小心触碰到，都在劫难逃。喝下去的"蜜露"，会让小动物的口舌红肿或因心脏麻痹而窒息；蜜露一旦挨到皮肤，皮肤立马瘙痒、肿大；眼睛如若接触"水珠"，会引起严重的结膜炎，甚至失明……人不小心碰到了，也是一样的症状！

这或许是海芋别名 "狼毒" "广州狼毒" 的由来吧。

按说这么缜密的抗虫策略，该没有小虫虫前来冒犯了。

然而，道高一尺，魔高一丈。一种名叫锚阿波萤叶甲的小虫子，"明知山有虎，偏向虎山行"，竟然会选择以海芋叶子为大餐，硬生生把一株株海芋变成千疮百孔的"龟背竹"。对这种能够击中自己软肋的甲虫，海芋是一点办法也没有的。

锚阿波萤叶甲显然非常清楚 "知己知彼，百战不殆" 的道理。它知道，海芋在自己的啃食下会分泌出毒素碱，有些海芋甚至会释放出氰化物——只要感觉到自己的叶片遭遇取食，海芋立马派遣毒素沿叶脉抵达 "事故现场"，当然，这种传递是需要一定的时间，但慢慢地，虫虫们会因为口感变差而主动放弃就餐。

然而，机灵鬼怪的虫虫锚阿波萤叶甲，在啃食海芋时，因为采取了机智灵活的战术而屡屡得手，这战术在人看来，依然洋溢着狡黠的智慧，让人感慨万千。

锚阿波萤叶甲会"画饼充饥"——它在海芋叶子上，能够画出一个个直径约3厘米标准的圆圈，切断海芋叶子传递毒素的大部分叶脉通道，然后待在像邮票一样的圆圈圈里，尽情享用——瞧，它画的这个"饼"，不仅安全，而且是真正用来充饥的。

并且，锚阿波萤叶甲的几何应用也何其了得！它没借助任何工具和模型，却可以画出标准的圆圈，实在让人钦佩！它的身体就是圆规，只要它将身体的一端——尾部固定在某个点上，然后再伸直前腿，用一只前脚爪模仿圆规的脚，在叶片上转动。一圈下来，一个标准的圆圈圈就诞生了。

锚阿波萤叶甲是在叶片的背面"作案"的，这样在它聚精会神地画圈时，就不容易被自己的天敌发现。

有趣的是，锚阿波萤叶甲不是一次就画好圆圈的，这个圆圈它要精心画3次。第一次仅仅在叶子表皮上画出一条浅浅的印痕，这样的深度不至于引起海芋叶片的警觉而采取防御措施，算是打个底稿吧；第二次画圈，叶甲会用有力的脚爪，快速将叶片角质的表皮割裂；最后一次画圈时，叶甲则把圆圈上大部分叶脉剪断，此时海芋的自卫信息，很难再通过被断开的叶脉传递。在这个别有用心的圈圈里，叶甲尽可以安心享用海芋美味的叶子，而不必担心适口性变差或是中毒了！

透过这些规规矩矩的圆洞洞，我们似乎能够感受到海芋的无奈和忧伤。好可怜的海芋！为什么受伤的总是你？

呵呵，先别感叹。在海芋与锚阿波萤叶甲漫长的协同进化中，叶甲总占上风吗？

也不尽然。海芋叶子被叶甲取食后留下的一个个规则的小洞洞，与龟背竹有异曲同工之妙呢，可以漏掉雨水，可以通风透气……正是这取食与被取食的过程，使得海芋和叶甲的种群得以延续和扩展下来——所谓的协同进化。

这样看来，对待锚阿波萤叶甲的取食，海芋或许持默许的态度，也或许海芋还在琢磨怎样对付这难缠的叶甲呢。

真心希望在不久的将来，海芋能够进化出可以攻克叶甲取食伎俩的装置或本领！

棕树和它的房客

绯红的晚霞中，蝙蝠们列队飞离棕树，这是棕树一天中最为惬意的时光。成千上万只蝙蝠，用黑色的翅膀滑过薄明的空气，煽动出优美的和声。

在棕树看来，这是值得期待的黑色之歌，眼前点点飞翔的黑色，是棕树和整个动物界对话的颜色。

不知何时，身高十余米的棕树，它的枝丫间缀满了蝙蝠，远望如一个个黑色的果实。棕树茎干笔直挺拔，亭亭玉立，无数巨大的羽状叶片朝四方伸展，编织成绿伞状的球形树冠。伞下茂密的枝叶间，有无数"客房"，"客房"里蜗居着"房客"蝙蝠，它们白天睡大觉，傍晚集体外出采食。

在棕树的眼里，这些"房客"不仅会唱歌，还是自己的好朋友。棕树和蝙蝠之间已经建立了良好的邦交，它们友好相处，其乐融融。

高高大大的棕树，为蝙蝠免费提供安静祥和的蜗居。蝙蝠也知恩图报，为棕树消灭害虫，更重要的，蝙蝠的粪便是棕树上好的肥料。因为有成千上万只蝙蝠在棕树上安家落户，棕树周围的土地上，便覆盖了一层几十厘米厚的蝙蝠粪便，这些天然的肥料，滋养得棕树愈发葱茏。

棕树和蝙蝠这对动植物朋友，就这样友爱互助，你好我好大家都好。

1913 年，当法国植物学家埃尔马诺·来翁在古巴首先发现栖满蝙蝠的棕树时，植物学家为这种棕树拟定了学名，当地人则形象地称这种棕树为"蝙蝠棕"。记得媒体有一篇报道说，在我国福建省晋江市永和镇旦厝村一处普通的民宅前，也有两棵十余米高的"蝙蝠棕"，树上栖息的蝙蝠多达上千只。每到夜幕降临，这些小家伙便像一个个优雅的滑翔伞运动员，展开双翅，在空中划出优美的弧线。

其实，棕树和蝙蝠的这种友好邦交，并无约定性，并不是每一位棕树都可以交到蝙蝠朋友。蝙蝠通常喜欢栖息于孤立的地方，如山洞、缝隙、地洞或建筑物内，或栖息于人为干扰因素少的高大棕树上。

择棕树而居，只是蝙蝠偶然的决择，住得舒服，会呼朋引伴，大家伙儿一直住下去。如今，为数不多的蝙蝠和蝙蝠棕的相互守望，已经成为自然界动植物联盟的

一道绮丽风景。

蝙蝠和蝙蝠棕大概都知晓这首歌："遇上你是我的缘，守望你是我的歌……"

在美国西南部，有 130 多种植物，完全依靠蝙蝠传粉受精，传宗接代。植物学家为这些植物起名为蝙爱植物。这种动植物之间的联盟，无关风景，却关乎生存。

对蝙爱植物来说，蝙蝠是自己生命中真正的"贵人"，是这些植物生命旋律中不可或缺的黑色之歌。一旦失去蝙蝠，蝙爱植物的日子将变得岌岌可危。

蝙爱植物肯定清楚这点，因此将自己花朵的结构，设计得尽量适应蝙蝠的生活习性。譬如花盘要大，拥有突出的多数雄蕊，猴面包树和龙舌兰在这方面做得尤为出色，猴面包树的一朵花就有 1500～2000 个雄蕊；在花朵中盛放大量蝙蝠爱吃的美味花蜜——轻木属植物的一朵花可以产出 1.5 毫升的花蜜。为适应蝙蝠的夜行生活，蝙爱植物还将花朵的绽放时间定在夜间，并将花瓣的颜色选择成在夜晚比较醒目的白色或黄色。

此外，每当花朵盛开之际，蝙爱植物会向"媒人"蝙蝠派发出隆重的"请柬"——让花朵散发出强烈的霉味或果实一般的味道。蝙蝠们仰仗嗅觉访花，它们接到"请柬"后会火速赶来，赴一场花朵的盛宴。

在舔舐花蜜或吃花粉时，花粉不可避免地粘在蝙蝠的皮毛上，当蝙蝠赶赴另一朵花的盛宴时，顺理成章地为蝙爱植物传递了花粉，成为这些植物传宗接代的功臣。

千百年来，蝙蝠因其长相和生活习性问题，一直生活在人类的误解中，这让蝙蝠们无比委屈。其实，天地间没有一种生命是独立于自然之外的，没有一种生命是邪恶恐怖和没有价值的……

暮色缓缓渗入树梢叶缝间，没有多少人知道，暗夜里有多少关于花朵和小动物间的"舞台剧"正在上映。

蝙爱植物芬芳的道路，不单指引蝙蝠为它们授粉，也可以让这个世界多一些甜美的果实。在蝙爱植物的眼里，蝙蝠是静谧的夜晚里一曲曲黑色的歌……

女贞的天堂

每一天，我都要经过它们，它们就成排站在我上班途经的路上，高大沉默。多数时候，我几乎忘了它们的存在。

当然，也有好些日子，是不得不对它们投去特别的目光的。

被我半遗忘的植物，是女贞。

花开的季节，女贞用它的香，牵引我的鼻子，当然还有眼眸。春末夏初，这群高大的植物绽开朴素的白色小花。由细碎的四瓣花聚成的女贞花穗，无色无姿。然而，女贞却有能力用绵密、黏稠的花香包围我们，让人有一种错觉，仿佛闻它用的不是鼻子，而是身体。

香气从繁复的女贞花间腾开，霸道地将周围的空气和我一并裹挟，头发丝、衣袖间无不是女贞的气息。微风轻摇处，似乎整座城市都被它的花香占领。这该是花丛里蝴蝶的感受吧——夏初的女贞花，让途经它的人都有一种翩然蝶舞的自得。

火炉一样的七月，整个城市像一个大烙饼，太阳是悬在头顶的火球，而一旦走进女贞叶片编织的大伞下，气温立降2~3℃。行走在片片绿荫里，除了感觉女贞树是如此宜人外，我会投去感激的目光，心里说，幸亏有你们。

当狂风呼啸着从头顶滚过，大多数树叶开始洗尽铅华，颤悠悠离开寄宿了半年的枝条，回归泥土，有着不堪一击的仓皇，进入冬天了。环顾四周，北方的阔叶植物们早已举着光秃秃的树干，它们开始了漫长的冬眠。而此刻，女贞光亮亮的绿叶，依然泛出生命的光华。零下5℃，已经超过了一般植物的承受能力，而女贞叶子却可以耐受零下12℃的低温摧残！整个冬天，女贞树用茂密的革质叶片，抵挡刺骨的北风，迎接皑皑白雪。

寒风翻起女贞的叶子，亮出一嘟噜、一嘟噜紫黑的浆果。喜鹊来了，灰惊鸟来了，麻雀们自不必说，叽叽喳喳，如同赴一场热热闹闹的喜宴。当一些人抱怨鸟粪和女贞爆浆的果实污染了路面时，他们不知道，在鸟儿们的眼里，这一季的女贞树是多么的慷慨和伟大。

女贞树，是冬天里鸟儿的天堂。在我眼里，这也是大自然最温情的一段时光——

女贞树为鸟儿提供大餐，鸟儿是女贞树欢快勤勉的播种工。女贞子外层的果肉填饱了鸟儿的肚皮，而女贞种子经由鸟儿的胃液和肠道后，变得易于萌发，在鸟儿不经意的便便里，女贞树的后代开始茁壮成长。

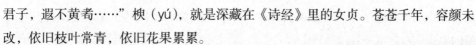

自然界总有一些合作，是这样的默契，让合作双方你好我好大家好外，也为自然界增添了别样的风景。如果没有女贞叶片坚韧执着的苍翠，没有树叶间丰盛的果实，也就没有鸟儿的喧闹，那么，北国的冬季该多么荒芜和寂寥啊。

和这些比起来，路面脏一点，又有什么关系呢？

"南山有枸，北山有楰。乐只君子，遐不黄耈……"楰（yú），就是深藏在《诗经》里的女贞。苍苍千年，容颜未改，依旧枝叶常青，依旧花果累累。

李时珍在《本草纲目》中说："此木凌冬青翠，有贞守之操，故以女贞状之。"可是，凌冬青翠的植物多了，大叶黄杨、枇杷、松柏、桂花……为什么单单女贞有贞守之操？李老先生却没有说。倒是民间传说有好几个不同的版本，来解释女贞取名的缘由。

在我眼里，高大茂密的女贞树，更像一位清俊的男子。

历代名医们似乎并不关心它叫什么，像什么，唯独关心的是它的药效。女贞成熟的果实，即药用的女贞子，《神农本草经》记载说，列为上品，谓其能"主补中，安五脏，养精神，除百疾。能治风热赤眼，能补肾滋阴"。一些老中医甚至为阴虚血燥所致的白发，开出了良方：女贞子 500 克，巨胜子 250 克。水煎，每次服 20 毫升，每日 2~3 次，温开水送下……

我不清楚这种药方有多少人去尝试，它的治愈率几何？但我清楚，人类对女贞树果实的过度开发，女贞肯定是不高兴的，冬天前来进餐的鸟儿，也会不高兴的吧。

人，得到女贞树的恩惠已经很多了，就不要再去从鸟儿们的嘴里夺食啦。

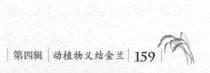

宝贝芦荟

说起来，与芦荟相处，也已经十几年了。那时候将芦荟苗买回家，纯粹是缘于大街小巷流行的芦荟热。

记得好多年前，古城的各大商场里突然间就冒出许多个芦荟专柜。

肤质不错的柜台小姐一边熟练地将新鲜芦荟的叶肉榨汁，一边以"脸"作则，向顾客介绍芦荟有多么多么神奇的美容功效——祛斑、美白、除皱、治暗疮等等，总之，几乎困扰女性的所有皮肤问题，都能用这肉乎乎的"魔"叶，一抹而光。出于对新鲜事物的好奇和对美丽的无比向往，购买芦荟鲜叶的人排起了长队，记得当时的芦荟售价以克为计量单位。呵呵，正如导购小姐所言，是真正的绿黄金呢。

由于常逛花市，我知道什么地方能买到质量好、价格又低的芦荟。所以，当我从花卉市场上挑选了一大一小两株库拉索芦荟抱回家时，同样也是抱着使自己更美丽的愿望。

当然，这美丽的愿望，也如古城一次又一次掀起的购买浪潮一样，来得快，去得更快。不久，两株芦荟便混迹于我家阳台上诸多的观叶植物中间，不再牵引我更多关爱的目光。

去年，一件偶然的事情，改变了我对芦荟的态度。如今，芦荟在我家绿色方阵中的地位，再次显赫，成为我竭力向亲朋好友推荐的植物宝贝。

那是在去年七月底，大学里的一位同窗来西安开会，恰逢礼拜天，我便陪她观碑林，登城墙，好不欢喜。古城七月的天气，如同一个大火炉，那天又逢艳阳高照，尽管抹着厚厚的防晒霜，一天下来，脸上依然感到火辣辣的烫。晚上回到家，女友说要和我一起做饭，回味大学时光。记得那顿饭里，我用了辣椒，吃罢饭，脸颊依然通红，已经有了轻微的晒伤。临睡前洗脸，我知道做饭时手动过辣椒，便用舒肤佳洗过两遍手后方才洗脸。然而，可怕的事情还是发生了——我的脸立刻肿了起来，火烧火燎的痛。

翻箱倒柜找出烫伤膏抹上也不管用，情急之下突然间想起了芦荟。那时，媒体上总说芦荟是万应良药，于是去阳台掰下一片芦荟叶子，去刺去皮后，从中间剖开，

直接敷在双颊上，当下就感觉舒服多了，疼痛在一点点减轻，一会儿工夫，脸上的红肿消了下去，第二天，也没留下难看的晒斑。

看来，当年销售商对芦荟的定位有误，如果宣传芦荟的晒后修复功能，当时的芦荟热，也不至于昙花一现吧——库拉索芦荟的治疗功效，似乎比美容功效更客观、有用一些。

有了这次经验，我试着开发这种芦荟的其他功效。一位亲戚多年便秘，我送去一盆芦荟，让他服用鲜叶试一试，反正无毒副作用。一周后，亲戚打来电话说症状明显减轻，于是，他家的阳台上，也出现了大大小小的芦荟，至今依然视为珍宝。

之后，可爱的芦荟，又治好了我脸上偶尔蹦出的痘痘、同事曾经的烫伤和偶发的湿疹等，尤其到了夏天，被蚊子叮咬后，出现的小红疙瘩，又痛又痒，用芦荟汁涂抹，一准环保又见效……我相信，芦荟还有许多功能没有被发掘出来呢。

阳台上的白墙泛着温柔的光，托着芦荟肥厚碧绿的自信。掰开芦荟厚厚的叶子，可见到稠厚透明的肉浆，手感黏滑，气味清淡，似乎还能激起人类的食欲。这个百合科的肉质多浆植物，英语名字叫"苦味"，看着这个名字，都可以想见第一位迫不及待品尝者的窘态。芦荟，自然懂得，如果把自己生得肥厚多汁又甜如蜜桃，那不等于双手将自己递给沙漠中口渴难耐的食草动物吗？

芦荟费尽心思为自己装备的烟酸和维生素 B_6 等轻泻剂，吓退了食草动物，却造福了人类，成为人类的健胃药；芦荟体内富含的铬元素，具有胰岛素样的作用，能调节体内的血糖代谢，成为糖尿病人理想的食物和药物；富含生物素等，是美容、减肥、防治便秘的保健品……芦荟大概也没有想到，正是因了这些卓越功效，它理所当然地成为我悉心培植并向朋友们热心推荐的植物宝贝呢。

至于价格，芦荟早已"凤凰落架"，变为实实在在的平民，在任何一家花市里，都可以用中低价位买到你所看中的芦荟。

也不是所有的芦荟都可以入药和食用的。

在芦荟家族的 500 多个品种中，可以入药的只有十几个，可以食用的仅有几个品种。当然，芦荟的形体也会因品种的不同，有着显著差异——大的，像大树那样有 30 米高，而小的仅有 3 厘米左右。比人和人之间的差异大多了！

当然，这差异是不会妨碍你选择芦荟中的"巨人"还是"拇指姑娘"，来充当你家植物宝贝的。

蚁树联盟

一种高高大大的树，会依恋一群小小的蚂蚁？

没错，你没有看错。

桑科号角树属阔叶乔木蚁栖树，就非常依恋常年居住在自己身上的一群蚂蚁，一旦失去这群蚂蚁的护卫，蚁栖树便摇摇欲坠，朝不保夕；当然，如果没有了蚁栖树，这种蚂蚁也无家可归，露宿"街头"了。

蚁栖树生长在南美洲巴西的热带森林里，如掌的叶子有点像我们常见的蓖麻叶，有些地方称它为"伞树"。每年的春末夏初开花，单性花朵透着淡淡的黄色，朴素到没有花瓣。呵呵，它原本也没打算要吸引俏丽的蝶类"美媒"。

蚁栖树的枝条砍下来就是一把乐器，可以吹奏出号角般的华音……这些，都不足以让蚁栖树成为著名植物。

让蚁栖树扬名的，是它和一种蚂蚁建立起来的生存依恋。和蚁栖树依恋而生的蚂蚁，叫阿兹特克蚁，大家通常叫它益蚁。

仿佛拥有一种天资，自打从土里钻出来，蚁栖树就开始计划着为益蚁建造房子，生产吃食了。

参照竹竿的长相，蚁栖树将自己的茎干长成中空有节的样子。这样的长相，便于将来益蚁在无节处打洞，这些小洞将是益蚁进出房间的快捷门户。竖直分隔的茎干空间，则是留给益蚁的群居大厦，益蚁家族会在这里生儿育女。

这"有生命的蚂蚁窝"，全然解决了益蚁的住宿问题。等益蚁安居下来，蚁栖树会将对方的伙食问题提到议事日程上。

蚁栖树交给益蚁的食物，就藏在长有锈色或白色短丛毛的叶柄基部，在这些小小"餐厅里"，蚁栖树会源源不断地奉献出适于蚂蚁进食和搬动的小小白色蛋形物——穆勒尔小体，含有丰富的蛋白质和脂肪，是益蚁最喜欢吃的美味佳肴。益蚁们轻车熟路地进入餐厅享用，成群结队心安理得地把穆勒尔小体搬进胃里，或者搬进大伙的房间里。

从此，"衣食无忧"的益蚁，知恩图报般开始充当起蚁栖树的忠实卫士。

热带森林里还有一种叫"啮叶蚁"的蚂蚁，专吃树叶，它们的胃口超好，短时间内会把一棵树上的叶子啮得精光。啮叶蚁虽然可以放肆地大嚼大咽任何一棵大树上的叶子，却唯独不敢贸然进军蚁栖树，因为它们惧怕这种树的警卫员益蚁——一旦啮叶蚁爬过来偷吃蚁栖树的叶子，日夜巡逻的益蚁们便会倾巢而出，群起而攻之，啮叶蚁只好逃之夭夭，再也不敢近前了。因此，森林里的蚁栖树总是枝繁叶茂，郁郁葱葱。

不仅如此，益蚁为报答房主的殷勤款待，还会精心清除树干、树叶上有害的霉菌；帮助蚁栖树同难缠的藤本植物做斗争，咬断不时缠绕上来的茎尖；驱赶和歼灭各种食叶蛀木的害虫；益蚁的排泄物、尸体、吃剩的昆虫或筑巢剩余的材料，都是大树难得的养料；益蚁呼吸排放出的二氧化碳，是蚁栖树光合作用的原料……

在益蚁如此精心的打理下，蚁栖树几乎丧失了植物所拥有的自我防御功能，算是一种"用进废退"吧。所以，一旦失去益蚁的保护，蚁栖树便无法生存了。

像这样高高大大的蚁栖树非常依恋一群小小的益蚁，它们相互需要，又彼此独立；它们必须同时存在，否则会同时消亡。

当然，它们相恋却从不期冀改变对方，也不用改变自己。

这是我喜欢的一种自然界跨越种族的依恋。

想起泰戈尔诗里的一句话：世界上最远的距离/是鱼与飞鸟的距离/一个翱翔天际，一个却深潜海底。

假如，泰戈尔知晓了这种"蚁树联盟"，会不会接着写：

世界上最美的依恋/是树与昆虫的依恋/一个慷慨解囊，一个却精诚奉献。

龙舌兰，用生命诠释什么是爱

北方人或许没有见过龙舌兰，但肯定见过芦荟。

这两种长得像"姐妹"的植物，曾经也蒙混过鲁迅大人的眼睛，因为他在《藤野先生》中说："大概是物以稀为贵罢。北京的白菜运往浙江，便用红头绳系住菜根，倒挂在水果店头，尊为'胶菜'；福建野生着的芦荟，一到北京就请进温室，且美其名曰'龙舌兰'。"

龙舌兰，肯定不愿意别人把自己看作芦荟。

在故乡墨西哥的沙漠里，在热带的艳阳天下，龙舌兰在叶缘和叶尖处举出大而坚硬的钩刺，直面烈日和劲风，对抗食草动物们的嘴巴，刚劲、坚韧、凛然、自若。相比之下，芦荟像是被养在温室，捧在手心里娇生惯养出来的。

适生地的龙舌兰，的确是无可比拟的，它的特立独行令人刮目——能够长出世界上最高的花序；一生中只开一次花，花谢后枯死；大大方方地邀请蝙蝠为自己做媒……

当生命进入壮烈的开花时间，沉寂了十几年甚至几十年的龙舌兰，会从莲座状的叶子中间，抽出一根竹子般挺拔的花序，这花序能以风一般的速度长高，只几周的时间，就会蹿出几米。目前的最高纪录是 10 米，这在植物界绝无仅有！

芦荟的花序，自然望尘莫及。

呵呵，用三层楼高的花序开出的花朵，一般的沙漠食草动物只有望"花"兴叹的份了。对一些小小动物而言，能望见都是很奢侈的事。龙舌兰让花序长得如此之高，还有一个目的，那就是极尽可能地为子孙开拓生存领地。

夜幕降临，龙舌兰的花朵渐次绽开，浓郁的花香搅动着夜晚的空气。龙舌兰选择在黑夜绽放花朵，同样是智慧之举：一来可以避开沙漠骄阳的炙烤，二来将蓄积已久的新鲜花蜜和花粉，交给喜好在夜晚出没的媒人——蝙蝠。

接到龙舌兰麝香味花朵的"邀请函"后，蝙蝠们会先后飞抵亮黄色的花朵，然后将其长鼻和舌头插入花朵的深处，欣欣然享用这超大个、豪放派植物提供的花蜜。

龙舌兰的花，远观像一个个半球型路灯，挂在高高的顶部分叉的"电线杆"上，

这些个半球体由许多小花组成。小花的长相也呈现出缜密的心思——花瓣退化，亮黄色的花药个大，高高突出于花冠。龙舌兰送给蝙蝠吃的花蜜通常聚集在花冠底部的沟槽里，蝙蝠们只有紧紧抓住花球，才可以吸食到花蜜。于是，当蝙蝠用餐时，媒婆的前胸、头部和肩膀上，不可避免地沾满了花粉，在媒婆光顾下一朵龙舌兰花儿的时候，身上的花粉就涂抹在这朵花雌蕊的柱头上，龙舌兰因此完成了授粉大业。

龙舌兰没有亏待这些夜晚光临的媒婆，它的一个大花序足以提取一小杯约 50~60 毫升的花蜜。龙舌兰清楚，自己的花粉，也是媒婆蝙蝠变换口味的主要零食。因此，为了犒劳赴宴的蝙蝠，龙舌兰还将自己花粉的蛋白质提高到43%。要知道，由野蜂传粉的小花龙舌兰所含的蛋白质只有16%。

经媒婆蝙蝠授粉后，龙舌兰的花序上就有种子生成。有些种类的花茎上，会产生珠芽。高高在上、密密麻麻的小珠芽很快长大，它们日益沉重的身躯会让大个子花序无力支撑。当花序轰然倒地时，一个个种子或珠芽四散离去，在距妈妈10米开外的地方，各自落地生根。

此时，龙舌兰妈妈已经精疲力竭，在耗干了体内最后一滴营养后，枯死！

采用如此高、大、上的方式开花，在龙舌兰的生命中，仅有一次。因此，龙舌兰一生中最美的时刻，也是生命的尽头。

为了酝酿世界上最高的花序、最充足的花蜜以及高能量的蛋白质，耗尽了龙舌兰一生的积蓄。对龙舌兰而言，花开，就是一生。

泰戈尔说，只有献出生命，才能得到生命。

龙舌兰听到后，大概会说：

我用自己的生命，换得孩子们的新生。

我虽死犹生！

05

第五辑
潇潇洒洒的花招

兜兰的秘密

最初见到兜兰，是在我们的温室里，要办一个大型兰展，各种稀奇古怪的兰花齐聚一室。相比号称几十万的"名兰"，我更喜欢长成拖鞋状或充气布袋状的可爱兜兰。在拉丁语中，兜兰的属名是 Paphiopedilum，意为"女神的拖鞋"。

可不是吗？这些倒挂在花葶上的小精灵，只能是花仙子匆忙遗失在人间的"拖鞋"，或者是灰姑娘与王子跳舞时丢失的水晶鞋。人类大而笨的拖鞋，怎么好意思与它相比？

由花朵的唇瓣异化来的小拖鞋太精致了，囊括了世间最美的色彩，单色或复色的鞋面有着玉的质感；鞋帮有高有低，鞋头有大有小，"布料"有薄有厚；鞋跟在上，封闭、圆润的鞋头冲下，每一只鞋子都玲珑剔透、光芒四射。世间什么样的脚丫，才配穿这样的鞋子呢？呵呵，真让人浮想联翩。

和人类相比，植物都是脚踏实地的实干家，它们没时间空想。兜兰也不会为什么仙女设计拖鞋，在一个个拖鞋状的兜兜里，"装载"了兜兰关于繁衍的奇思妙想，也装载了人们的惊讶和感慨。

在兰花家族中，绝大部分兰花是"雌雄同蕊"，也就是说，一朵花的雌蕊和雄蕊长在同一条蕊柱上，以利于受精。只有兜兰另辟蹊径，将雌蕊和雄蕊分开——让雄蕊长在花朵的正面，而让雌蕊长在花朵的背面。

兜兰华丽丽的兜状唇瓣，对传粉者来说是个温柔的陷阱，吸引着那些意志薄弱的昆虫，替兜兰完成雌雄蕊之间的拥抱亲吻——整个过程奇妙有趣，能飞会动的小昆虫，被兜兰"牵着鼻子"，一步步完成植物设计好的动作，为兜兰的繁衍效力，而兜兰却不用付给昆虫一毛钱的报酬。

清晨，兜兰开花了，空气中弥漫着兰花的芳香，这香味对蜜蜂极具诱惑力。寻香而来的蜜蜂，一眼就看见了满目绿色中色彩鲜艳的大兜兜，好吃的就在这大兜子里吧？吃货蜜蜂在兜兜边缘转悠之前，背上或许已经粘上了另一朵兜兰的花粉。上面没有好吃的，那就下去看看吧，待蜜蜂钻进去了，会发现兜底什么东西也没有！兜壁也光滑得出乎意料，几乎爬不上去。几番寻找，蜜蜂似乎又看到了希望，因为兜兰唇瓣的后面，布满了许多彩色引导物，那是专门储藏花蜜的房间吧？蜜蜂在彩色路标的指引下，沿着布满绒毛的"梯子"，一步步爬了上去。"梯子"基本上是一条隧道，这条隧道是蜜蜂想要爬出去的必经之路。

蜜蜂费了九牛二虎之力才穿越隧道，终于看到光明了。摆在蜜蜂面前的是左右两条"大路"，几乎不用思考，蜜蜂就沿路冲了出去。蜜蜂当然不知道，兜兰早已在大路两旁各安置了一个雌蕊，蜜蜂无论走哪条路，都会碰到雌蕊。雌蕊的吸力很强，一下子就把昆虫身上的花粉团给吸了过来……

看到这里，任谁都会明白，原来这兜兰是靠蒙骗小昆虫来传宗接代的！它们不愿意交给小昆虫们渴望得到的食物——花蜜或花粉，仅仅是为了节约吗？

不是。兜兰设计如此复杂的花部件，哪一样都比生产花蜜和花粉的成本高。它们之所以坚持用食源性欺骗的方式获得下一代，主要是因为通过长距离的远缘杂交，可以获得高素质的后代。

试想一下，那些背负花粉仓皇逃离"仙履"的昆虫，总要飞出一段距离，才会按捺住狂跳的小心脏找地歇脚。如果不幸再经历一次上当受骗，也会把花粉献给距离第一次上当地相当远的一株兜兰。这就是兜兰的精明之处——它避免了"近亲结婚"。

看来，兜兰很早就懂得自然界远缘杂交的优势。兜兰的特立独行，也让人类见识了植物和动物之间颇为奇妙的"缘分"，领略了兜兰的聪明才智。

生活中，如果做到像兜兰这样，换个角度思考问题，一些事情或许会有意想不到的惊喜，一些困扰自己的问题，也许会出现转机……

马兜铃，圈只虫子做"红娘"

在路旁的草丛或小树林里，如果你静下心来寻找，就可以瞧见有着心形叶子的智慧藤本马兜铃。之所以叫这么个奇怪的名字，是因为它成熟的果实，像挂在马脖子底下裂成兜状的铃铛，里面装满了薄片状的种子，种子的四周还镶着一圈薄薄的可以飞翔的翅膀。

如果马兜铃仅有这点儿智慧的话，也太大众了。足智多谋的它，不单设计了适于风力传播的挂在高处的果实和可以展翅的种子，更设计了一系列精巧构造适合于传粉者传粉的别出心裁的花朵。

这么说吧，假如挨个给植物做 IQ 测定，马兜铃的智商，绝对是爱因斯坦级别的，是植物中的"小众"。马兜铃花朵的形、容、气味，乃至雌蕊与雄蕊的成熟时间，都尽显出深谋远虑而又聪明智慧的迹象。

夏秋时节，像铜管乐队里的大喇叭状的马兜铃花，纷纷探出头来，开始彰显它们那无与伦比的智慧。

第一个知晓马兜铃开花的生物，必定是蝇类，因为马兜铃一旦开花，就会用气味招呼蝇类说"我这里有好吃的啦"。这气味，对人来说，臭不可闻，但对潜叶蝇来说，却是上等美味。

踏"香"而来的潜叶蝇，在有着怪异斑点的花朵周围稍事飞舞后，就迫不及待地钻进马兜铃窄窄的喇叭管里去了。香味就在前头，当它爬进花朵下面膨大的艄部时，空间豁然开朗，好吃的多浆细胞就在这里！马兜铃花筒的下部膨大成一个圆球形的空腔，空腔底部有一个淡黄色的突起物，这个突起物的顶部就是雌蕊的柱头，柱头 6 裂，在柱头下面四周贴着 6 个雄蕊。

马兜铃为一朵花设计了两天的花期，花朵大都选择在清晨开放。第一天，马兜铃让雌蕊率先成熟，第二天清晨 3 时半左右，才让贴在柱头下方的花药成熟、开裂。马兜铃如此运筹帷幄，其目的是在潜叶蝇的参与下，避免植物界较为低级的自花传粉。

无论潜叶蝇愿不愿意，从钻进马兜铃的喇叭管开始，就正式成为这朵花的"红娘"。这个红娘角色，潜叶蝇大概需要扮演一天。

当兴冲冲的潜叶蝇在马兜铃花朵里左闻闻右叮叮进食时，它身上沾着的从另一朵花上带来的花粉，肯定会涂抹在这朵花的雌蕊柱头上，不知不觉间，"红娘"为马兜铃完成了异花授粉。按说潜叶蝇做完这些工作，马兜铃该领情"放生"才是。哦，且慢，请接着仔细看吧。

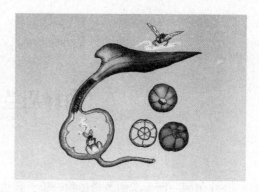

当潜叶蝇打着饱嗝，想要出去的时候，才发现刚才进来的喇叭状管口被肉质的刺毛堵住了。这刺毛的生长方向是向里的，顺着毛的方向进来可以，但现在要逆向爬出去，简直比登天还难。

潜叶蝇也意识到自己被这个花"笼子"禁闭了，既来之，则安之吧！况且这里有好闻又好吃的。

成熟了的马兜铃雌蕊柱头，在接受了潜叶蝇带来的花粉后，很快萎缩——花粉快速萌发出花粉管，向子房内管的胚珠伸去，柱头这个时候便失去了再度接授花粉的能力。翌日清晨，花笼里的花药成熟并开裂，轻而易举地将花粉洒在还在四处转悠着的潜叶蝇身上。待这项"洒粉"工作结束后，马兜铃这才给潜叶蝇派发出一张"解禁令"。

当潜叶蝇多毛的背腹部沾满了大量的花粉粒后，喇叭管内的肉质刺毛开始变软萎蔫，长度只有之前的四分之一，软趴趴地贴在花中部内壁上，马兜铃为潜叶蝇主动开启了一条可以出去的光明通道——潜叶蝇背负着这朵花的花粉粒，顺利地爬出喇叭管，结束了一天的禁闭生活，展翅而飞。

奇怪的是，尝过"禁闭"滋味的潜叶蝇，似乎很贪恋这种"囚徒"生活，或许是它又饿了，也或许是马兜铃花朵释放的香味诱惑力太强，总之，潜叶蝇刚刚恢复自由身，飞不多久，便又相中另一朵刚刚开放的马兜铃花，在"花笼"口上转悠几圈后，会再次钻进去蹲"禁闭"……

多么悠然、多么智慧的马兜铃花啊！懂得以静制动，懂得相互合作，各取所需，协同进化。

现在我们知道，马兜铃酸对人类肾脏的损伤是不可逆的，站在马兜铃的立场上，这其实也是它的初衷——人与植物相安就无事啦。

薄伽丘说，人类的智慧就是快乐的源泉。

马兜铃听到后大概会说：我的智慧是生存繁衍的保障。

马兜铃的生存智慧，让人叹为观止的同时，也会有所启迪呢。

角蜂眉兰骗婚记

在美国一所大学的教学植物园里，我见到了角蜂眉兰。

乍一看，我以为是几个大个的苍蝇落在了植株上，甚至想挥手赶走它们，待看清植物名牌后，才明白自己见到了拟态植物中大师级别的名角——角蜂眉兰。

从角蜂眉兰栩栩如生的模仿中，很容易读出它的智慧和狡黠。我不知道它曾经经历了什么，它和角蜂之间发生过什么样的故事，或者仅仅只是旁观了一场雌雄角蜂的爱情？

总之，角蜂眉兰能够凭记忆、凭天分将自己的花朵设计成一只雌性角蜂的模样，在春天的原野上摇曳生姿，然后上演一场场对角蜂来说有点残忍的"美人计"。

仔细端详，不得不感慨角蜂眉兰细腻的心思：花瓣最下端的一枚唇瓣，也是最大的一枚花瓣，特化成圆滚滚、毛茸茸的雌性角蜂的下半身——浑圆的肚子，光溜溜的后背，边缘生长着一圈褐色短毛，恰似昆虫的体毛，毫发毕现。

眉兰还会根据生长地的不同，在"角蜂"的后背上涂抹上醒目的蓝紫色或棕黄色相间的斑纹，好让自己的花朵更接近当地雄角蜂眼中的"大美人"形象。

两对唇瓣，对称地从腰部伸出，长度和外形一如角蜂、胡蜂或苍蝇的两对翅膀。头部的设计是重点，也是花心思最多的地方。眉兰让花柱和雄蕊结合长成合蕊柱，样子从外形上看是角蜂的头部，有鼻子有眼，甚至连雄蜂脑袋的位置都预留好了。雄蜂一旦赶来赴约，头部自然而然会接受眉兰想要传递出去的"爱之吻"。

角蜂眉兰的拟态，只是它生殖策略的第一步，接下来，它还会分泌出类似于雌性角蜂荷尔蒙的物质，这模拟的性信息素，会让雄性角蜂们瞬间性激素爆棚，完全没有了抵抗力。

角蜂眉兰设计的花期也恰到好处。当眉兰"化妆"完毕，恰逢角蜂的羽化期，一些先于雌性个体来到世间的雄性角蜂，正急于寻找配偶，在眉兰散发的雌性荷尔蒙的引诱下，急匆匆赶来，赴一场爱的"约会"。

恋爱中的雄性角蜂，看到草丛中摇曳的角蜂眉兰花朵后，很庆幸这么快就交了桃花运，会迫不及待地上前拥抱"意中人"。翻云覆雨间，它的头部正好碰触到角蜂眉兰伸出的合蕊柱，雄蕊上带有黏性物质的花粉块便准确地粘在雄蜂多毛的头上——这在生物学上有个术语叫"拟交配"。

待雄蜂幡然醒悟后，只好悻悻地飞走。但此时，背负花粉块的雄蜂已经被"爱情"冲昏了头脑，求偶心切的它，再次被花朵释放出的雌性荷尔蒙吸引，就像被酒香勾去了魂的醉汉，毫不迟疑地冲向"美酒"——另一朵眉兰，再次殷勤"献媚"，角蜂头上沾着的花粉块便准确无误地传递到这位"骗子"眉兰的柱头穴里……可怜无数痴情的雄性角蜂，为了一只只酷似蜂美人的花朵神魂颠倒，前赴后继，在雄性角蜂集体的不淡定中，角蜂眉兰只使用了"美人计"，而不用付"工钱"，就搞定了异花授粉！

有意思的是，成功授粉的角蜂眉兰，立马释放出一种让角蜂作呕的气味，这气味在角蜂闻来，犹如花季少女的体香一下子变成了老奶奶的汗臭，避之唯恐不及。

在这场骗婚案中，角蜂眉兰以非凡的才华，穿越动植物界间的屏障，将植物"骗术"演绎得登峰造极。从颜色到形态，再到气味，角蜂眉兰做到了全方位、多角度的模拟一种昆虫，让貌似强大的动物，在小小的植物面前也乖乖俯首称臣。

一般而言，动物为花朵带来静止而无法望见的远方情人，植物也会大大方方地贡献出花蜜或花粉等报酬来答谢"红娘"。角蜂眉兰为什么不遵守自然界物种间早已达成共识的"互惠互利"法则，而要鼓捣出比生产花蜜和花粉更消耗能量的拟态和性谎言？

还有，对于被骗的角蜂而言，它们为什么不长记性，一而再，再而三地甘于被骗，角蜂间不就此事进行交流或事后采取对策吗？而这种明显的欺骗关系依然能够延续至今，一定有它存在的理由，这理由会是什么？

对于这些问题，科学家目前还没有定论，眉兰和角蜂也没有告诉我。

狡黠的角蜂眉兰，让我想起了古代宫廷里钩心斗角、奇招频出的深宫美女。

"别说我说谎，人生已经如此的艰难，有些事情就不要拆穿……"

莫非，角蜂也懂得"花艰不拆"的道理，从而怜香惜玉，甘愿被骗？

火炬树的魔力

国庆出游，车行至福银高速乾陵段，路的两旁不时闪出一树火红，在蓝天的幕布上红得炫目奔放。这个季节，什么花开得如此招摇？透过车窗望去，只见一团团火焰向车后奔去。车子进入服务区时，我们专门停到一团"火焰"前。

哦，原来是火炬树。

一片叶子，是一叶燃烧的火苗，无数对称均匀、排成羽状的火苗汇成耀眼的火焰，张扬得蛮不讲理。凝神之间，似乎听得见自己的心跳。

在北方，秋天变红的树叶有很多，但很少有这么红艳的。红枫，在北方的秋天里红得有些深沉，还不如早春来得明艳；黄栌的红色里会夹杂着黄色与褐色；而火炬树的红色，是国旗的那种正红，很应季应景的色彩，有着强大的气场。

一棵树，是一团火；群植，是烂漫红霞，也是一曲昂扬的交响乐！

但这并非它取名的由来。9月份成熟的果穗，上小下大，毛茸茸、红彤彤的，远观如一把把火炬。经久不落的小火炬，让秋日里看到它的一双双眼睛，惊艳之后倍感温暖，这才是叫"火炬树"的缘由呢。

在我周围，火炬树是为数不多能让我欢喜又让我忧的一种植物，喜的是它的长相、色彩与活力；忧的，也还是它的活力。

火炬树根的蘖生能力，大到让人担心。我担心不知道哪一天，一睁开眼睛，周围全是火炬树，而其他的千娇百媚，却都不见了踪影。

你如果亲眼见到过表层土下它那盘根错节的根系，看见树干被砍后如雨后春笋般冒出地面的树苗，就会理解我的担忧。

与大多数拥有上百年甚至上千年寿命的树木相比，火炬树是典型的"短命树"，寿命大约是二十年。但它却能在有限的生命里，通过生生不息的根蘖，来实现无限生长的目的。

老家在北美的火炬树，天生具备强大的自我保护能力，它的分泌物以及树叶上密集的绒毛，令它"如虎添翼"，周围的植物，只有受它排挤的份。火炬树来到中国后，没有了天敌，也没有昆虫敢来碰它，所以，除过冬季，火炬树其他时候都像服了兴奋剂一样雄心勃勃。

火炬树的生长速度到底有多快？有专家专门在北京调查了火炬树的生长状况后，公布了一组数据：头年种下一棵火炬树，第二年就能发展为 10 棵，5 年后就会覆盖半径 5～8 米的所有土地；把挖出的火炬树根扔在地里，依然能够萌发新苗；种植 5 年左右的火炬树，根系能够穿透坚硬的护坡石缝，柏油路在它的眼里也不堪一击。

"我想要怒放的生命，就像飞翔在辽阔天空，就像穿行在无边的旷野，拥有挣脱一切的力量……"汪峰的《我想要怒放的生命》，唱的就是火炬树吗？

国际上对入侵物种扩散速率的定义是：每 3 年扩散距离超过 3 米。专家说火炬树在北京实际的扩散速率已超过了这个值，达到每 3 年扩散 6.2～7.5 米。

因此，专家给出的结论是：火炬树是危害潜力最大的入侵物种，种植火炬树就是引"火"烧身！

与其如此担忧，不如快刀斩乱麻。2013 年 10 月，北京叫停了在市内种植火炬树。

但也有专家认为，这样的定义对火炬树不公平。

他们的理由也很充足：1959 年我国植物学家从东欧引入火炬树后，它的火焰从北京逐渐燃烧至华北、华中、西北、东北和西南 20 多个省（区）。半个世纪以来，这些用于荒山绿化兼作盐碱荒地风景林的树种，尚未见有任何逃逸人工生态系统而失去控制的案例发生，也未见任何有关其入侵性的报道，因为本地物种经过漫长演化组成的植被环境是很难被破坏的；火炬树对阳光的依赖性大，当周围有其他大树后，它会因缺少阳光而逐渐消亡，古运河风光带火炬树消失的原因就在于此；30 年前，在华北林业实验中心栽种的火炬树，今日也已难觅踪影；火炬树在自然条件下，只靠根蘖繁殖，种子外面有一层保护膜，几乎不能直接萌发；人工播种前，要用碱水揉搓掉种皮外红色的绒毛和种皮上的蜡质，然后用 85℃热水浸烫 5 分钟，捞出后混湿沙埋藏，置于 20℃室内催芽……总之，这个过程很复杂，远远超出了火炬树种子自己"动手"的能力。

因此，这拨专家说，火炬树如果人为控制得当，并不会对生态造成危害，同时，火炬树顽强的生命力，正适合在本地植物不能生长的地方做先锋绿化植物。只要不是人有意识地大面积栽植，火炬树不会大面积入侵；火炬树在我国还算不上入侵物种，说是潜在入侵物种也有困难。它是值得推广的——不要拒绝，可以应用，用其所长，避其所短。

忽然想到了一句俗语："南方人把扁担立在地上，三天没管它，扁担长成了树；北方人把小树种在高原上，三天没浇水，小树变成了扁担。"

"是树还是扁担"的问题，和火炬树是"女汉子"还是"女魔头"的问题一样，

　　都取决于当地的环境条件和种植人的用心程度。

　　目前看来，我身边生长的火炬树，外形妩媚，性格强悍，依然是那个值得我喜欢的女汉子形象，"她"身上的毛病，目前还处于人工可控范围之内。

　　多希望火炬树永远如此！

虎杖的虎性

多年前，当我在植物园药用植物区为学生讲解蓼科植物虎杖时，那时候还不知道，这个其貌不扬的乡土植物大个子草，已经让英国人谈"虎"色变。

虎杖的故乡在东亚，秦岭也是它的原产地之一。

19世纪中期，当第一株虎杖从日本漂洋过海落户英国时，那里四季温和的海洋性气候，即刻唤醒了它体内狂野的"虎性"——它很快发现，没有了故乡冬季低温的遏制和天敌害虫的侵袭，每时每刻都可以伸胳膊伸腿，并且想怎么伸，就怎么伸。

钻出地面后，一个月可以窜高1米，最终可以长到8米高！呵呵，8米，这可是做梦都想不到的身高！能够像一棵大树那样俯瞰众生，那种感觉很美妙，这和故乡2米的身高简直不可同日而语。

一棵草，看上去就像是一大丛红绿相间刚劲的"铁丝网"。布满紫红色斑点的茎秆上，从稍显膨大的关节处伸出的绿叶，葳蕤蓬勃。

"胳膊"如此给力，"腿脚"也像是吃了"激素"。它那横走的地下根茎，在这里有了极强的穿透力，可以从水泥板、沥青路或者砖缝中钻出来，并且依靠其强壮的根系把裂缝撑大。仿佛压抑了几世的憋屈终于可以释放，浑身上下有着使不完的劲。

将身边的植物挤出领地，在虎杖眼里，就是碎碎个事。建筑物遭遇它也变得战战兢兢。

它的根系也超级庞大，既可以横"跑"7米，也可以竖"跳"5米以上，很难清理干净。深藏的根系能在土壤中潜伏10年，遇到合适的机会，又会"杖"根走天涯。

以观赏植物引入的一株草，很快成为英国境内不折不扣的入侵植物。脱离了约束的虎杖，攻城略地，势如猛虎。英国莱斯特大学的生物学家认为，虎杖是世界上最大的雌性群体——它的繁殖力，无可匹敌！

从此，如何将虎杖清理出自己的家园，让英国人伤透了脑筋。仅在2003年，英国政府就投入了15.6亿英镑用于清除虎杖，但收效甚微。这些年，欧美地区的法律中，已经明确列出严禁在野外种植虎杖，一旦发现，将面临牢狱之灾。

虎杖，不仅改写了一些国家的法律，而且殃及平民。

英国《每日电讯报》2014年3月31日报道，一名患偏执狂症状的英国男子麦克雷，因过度忧虑自家遭到虎杖的"入侵"，竟然杀死妻子，然后自杀。

麦克雷在遗书中写道："我觉得自己并不是邪恶的人，但日本虎杖从罗利·雷吉斯高尔夫球场翻墙蔓延至我家，使我的头脑失去平衡……绝望到这样一个地步，今天我杀死她（意指妻子），因为我不希望自杀后让她没有收入却独自过活。"

演绎到如此地步，虎杖也委实令人发指。然而，发生的这一切，都是虎杖的过错吗？

在故乡东亚，虎杖，普普通通，就是一种个子高点儿的草。冬枯夏荣，安分守己，像个严于律己的孩子。管束它的，有冬季的严寒，还有一种名叫木虱的吸汁昆虫。

木虱不会直接吃掉虎杖，而是像蚜虫那样吸吮它的汁液。木虱一旦发现食源，吃喝拉撒睡，就全都集中在虎杖身上，以此为家，大肆繁殖，虎杖的活力乃至身高因此套上了"枷锁"。

了解了虎杖的生态习性后，英国政府开始允许用木虱来控制虎杖。从2011年开始，数以百万的木虱受邀前往英国，和虎杖开战。

然而，引入外来物种帮助人类攻打入侵物种的后果，会不会是引虎驱狼，现在还很难说。

1935年澳大利亚引进两栖动物甘蔗蟾蜍，原想控制当地一种吃甘蔗的甲虫，但引进后科学家发现，这种蟾蜍不仅吃甲虫，而且吞食其他种类的小动物，且数目惊人。还有，木虱并不总是对环境有利，一种木虱在1998年混进柑橘产业非常发达的美国佛罗里达州，就传播了柑橘黄龙病（HLB）……

基于此，英国环境研究组织正在进行多种试验，确定木虱是否还吃虎杖以外的

植物，以确保这种昆虫只对目标植物有效。

这是一场漫长而又充满未知的战争，昆虫与植物、人与动植物、动植物与生态环境等等的关系，都需要认真思考和研究。

当人类失却谦逊，想要随意改变物种的习性为自己服务时，植物内部的飓风，便化作变性的虎杖，给人当头一顿猛击。

两面花曼陀罗

初识曼陀罗，是在华佗"刮骨疗毒"的故事里。

关羽固然坚强，但当明晃晃的刀子直接划破皮肉、深入骨髓时，人没有疼得晕过去才怪呢！这不关乎坚强，人的神经和痛觉大致相同。所以说这个故事，让我记住的不是超然物外般沉毅的关羽，也不是医术高明的华佗，而是华佗在此手术中用到的一种叫作麻沸散的药，一种以植物曼陀罗为主角的奇妙的麻醉剂。

能够入麻醉剂的植物，该拥有神秘、诡异或者妖艳如罂粟那样的长相吧。

很长一段时间，曼陀罗只在我的脑海里神秘地生长着，我并不能确认它的模样。

大学毕业分配到植物园工作，我工作的园子里有一座温室。第一次走进温室时，迎面是一株正在开白花的植物，与我小时候在田间垄畔上见到的一种名叫大麻子的草很相似，一样巴掌大的阔叶，一样下垂的喇叭状花朵，一样如刺猬般的果实。

大麻子，猪不吃，羊不啃，也没有人用它喂牲口。那时候，大部分人认为它的存在纯属多余。

可眼前的植物堂而皇之地生长在植物园的展览温室里。这应该是一种南方植物，冬天不能在北方的户外越冬。的确，仔细看眼前的植物是木本，它的各个部件都比大麻子草大一号。

当我得知，眼前的植物就是曼陀罗时，我听见心中有个失落的声音在说：不可能，曼陀罗怎么长成这样！叶无姿，花无色，平凡如荒郊野外的一株草。

后来看到、听到的一些关于曼陀罗的消息报道，才让我重新审视它的存在，乃至神秘。

媒体报道有一则自贡的消息是这样的：一位女士摘了两朵楼下的曼陀罗花，拿回家煮汤。吃完饭后，这位女士开始头晕、呕吐，出现幻觉，在丈夫和儿子的陪同下去医院看病。医生正在抢救妻子，不承想，前去缴费的丈夫却摇摇晃晃地走到另一病床前，问人家索要 20 万元现金，眼神迷离，答非所问。他情绪亢奋，不停地敲打窗户和储物柜，指着别人的荷包说是提款机，直到被大伙儿控制。而此时，患者的儿子也开始出现视力模糊、呕吐等中毒症状，但程度较轻。好在就诊及时，三人都没有生命危险，次日便康复出院。

类似的报道不胜枚举，曼陀罗似乎成了恶之花。而让这些糊涂的吃花人中毒的成分，是曼陀罗花果中含有的莨菪碱、东莨菪碱和少量的阿托品。

这些在今天看来依然是毒品的"东东"，在曼陀罗的眼里，不过是自己鼓捣出来，对付"天敌"食草动物的化学武器。

植物化学家曼陀罗的本意该是这样的：以自己的叶片、花果为食的食草动物，在咽下自己身体上的任何一

部分后，都会经历头晕、呕吐和出现幻觉等症状，于是不敢再次造访。或者，这些动物们在清醒之后，会完全忘记曾经食用的那株曼陀罗生长在哪里。

人，在曼陀罗的眼里，真是一种莫名其妙的动物，他们当中的一些人竟然甘心以幻觉的方式，抵押理智，去追寻玄虚缥缈的所谓快感，这有点超出了曼陀罗的理解力。

在古埃及壁画里，有很多这样的场景：有地位的古埃及人在自己家里开 party 时，会拿出曼陀罗花果挨个给客人闻，好让闻者很快生出愉悦感；欧洲、印度和阿拉伯国家的人们，称赞曼陀罗是"万能神药"，除作外科手术的麻醉剂和止痛剂外，还用以治疗癫痫、蛇伤、狂犬病等；文艺复兴时期，爱美的意大利妇女，将含有莨菪碱的曼陀罗汁滴进眼睛，形成散瞳的效果，以使自己看起来更漂亮一些，爱美的女人胆子可真大啊！

更有甚者，早在中国的宋朝，就有用曼陀罗酒麻醉抢劫、杀人的记录。

金庸在《天龙八部》中借段誉之口说："山茶花，又名玉茗，另有个名字叫作曼陀罗花。"可见金先生对于植物，也是个外行。幸亏段誉是把山茶花当作曼陀罗花，要是颠倒过来，段誉的小命恐怕早难保全，从此与艳遇无缘啦。

中国也有孜孜研究曼陀罗的专家学者，譬如李时珍，他做出以身试毒的决定，只源于他听到的一句话——如果一个人笑着采集此花酿酒饮用后，必大笑不止；而舞着采集此花酿酒饮用后，会一直手舞足蹈。

这天，李时珍提前备好了曼陀罗花酒，邀来徒弟共饮，末了，果真如传言所述，师徒二人既笑且舞。这段经历，之后被李时珍写入《本草纲目》："相传此花笑采酿酒饮，令人笑；舞采酿酒饮，令人舞。予尝试之，饮须半酣，更令一人或笑或舞引之，乃验也。"

当然，李时珍不愧为医药大家，后来他逐步弄清楚了这位天才化学家曼陀罗的秉性，从而用其治病救人。"果中有东莨菪，叶圆而光，有毒，误食令人狂乱，状若中风，或吐血，以甘草煮汁服之，即解。"短短几句话，不仅概括了曼陀罗的形态，而且指出了误食曼陀罗的中毒症状和解药。

麻醉，只是曼陀罗能力的一个方面。在《本草纲目》中，李时珍还列举了关于曼陀罗的好多简单易行的治病良方，如"面上生疮，用曼陀罗花晒干，研为末，取少许敷贴疮上；大肠脱肛，用曼陀罗籽连壳一对，橡斗十六个，同锉，水煎开三五次，加入朴硝少许，洗患处"等等，这些单方和验方，既具科学性，又简便廉验，在今天看来，也依然有实际的操作价值。

所以说，花朵并无善恶之分，所谓的善与恶，只取决于你拿它派什么用场——在人类的无知误食或是恶意使用下，曼陀罗是"魔鬼的号角"；而使用得当，曼陀罗也会治病救人，成为"天使的号角"。雨果《笑面人》中的狂人医生苏斯，就很清楚曼陀罗的阴阳两性。

至于，曼陀罗到底是药还是毒的问题，也是用量多寡的问题：适量为药，过量为毒。

后来，西安植物园还引进了彩色曼陀罗，有黄花、粉花和重瓣的紫花等等，曼陀罗的家族一下子变得美丽妖娆起来。

傍晚，静静地倒挂在枝头，花冠微闭如含羞般掩面低首的曼陀罗，似乎向看到它的每一个人，竭力隐藏自己的故事——天使与魔鬼交织显现的两面花的故事。

巨魔芋的臭策略

有时候，我怀疑，巨魔芋是从花草王国的"巨人国"里逃出来的，带着腐尸般的巨臭。

吉尼斯世界纪录里高达 2.91 米的巨型花序，至今也无"花"打破。它深藏在土里，外形如荸荠的球根，可以超过 100 公斤，相当于两个成年人的体重！巨魔芋唯一的一片叶子，也是个让人难以置信的大个子。这是一枚分了很多叉的复叶，叶柄的高度是 3~4 米，在合适的环境中，叶片直径会超过 5 米，可以覆盖方圆 20 平方米。比我们眼里的小树还要高大。

除过身材 No.1 外，它身上还有许多让人咋舌的素质：花开时分，巨魔芋会模拟死尸散发出腐肉的味道。紫红色的肉质花序轴（肉穗花序），有着腐肉的质感，色彩也模拟得惟妙惟肖。它甚至懂得模仿刚刚死去动物的体温，让肉质花序轴顶部的温度高达 38℃。

显然，它还知道这热量能在花序轴顶部形成低压区，把佛焰苞基部产生的臭味，通过对流的方式，强行输送到远方，成为气味的助推器。所以，混合着厕所味的腐尸臭气，经由这高温的加速，会传播得更快更远，以至于方圆 3 公里的范围内都飘散着它的恶臭。而它真正的雌雄小花被包裹在一片烛台般的佛焰苞底部，这里黑暗逼仄，更像是死尸的疮口……

佛焰苞和肉穗花序，似乎是两个生涩难懂的专业词汇，这么说吧，马蹄莲是大家所熟悉的花卉，它那白色的"花瓣"，就是佛焰苞；黄色的"花心"，则是肉穗花序。

巨魔芋费尽心思把自己装扮成虫子眼里的死尸，其动机并不高尚，它的所有欺骗性特征均来自一个目的——吸引那些痴迷腐肉又缺乏足够脑细胞的逐臭昆虫，前来为自己传花授粉，免费协助自己繁衍后代。

逐臭昆虫哪里知道这么多啊，它们颠颠地飞来后，不仅得不到腐肉大餐，还要被巨魔芋关禁闭，多么悲催啊。

巨魔芋的巨型花序上，除过佛焰苞，在肉穗花序轴的基部，拥有 400 多个雌花，500 多个雄花。开花时，巨魔芋会让位于最底部的雌花率先开放，第二天，雌花开败后，才让雄花绽开，这样的安排避免了自花授粉。巨魔芋也明白"近亲结婚"对于种族的强盛来说是有害的。

在巨魔芋开放的第一天，雌花先熟，从花朵基部散发出的尸臭味，让逐臭昆虫趋之若鹜。它们飞过来后，会不约而同地钻进佛焰苞的底部，也就是雌花开放的部位。此时，佛焰苞的内壁十分光滑，无法攀爬，狭窄和潮湿的空间也难以起飞，因此，当虫子们发觉上当后，已经来不及逃离了，只好在此过夜。这个过程中，被囚禁而急得团团转的虫子，会把来自另一株巨魔芋的花粉，涂满巨魔芋雌花的每一个柱头，而此时上面的雄花尚未成熟，所以不存在自花授粉的可能性。

第二天，雌花纷纷凋谢，直至全部丧失授粉能力后，位于上部的雄花才开始接力开放。破壁的花粉如小雨一般洒下，被禁闭在此处的昆虫的头、身子、翅膀和四肢上，无一例外被洒满了花粉。到这个时候，巨魔芋看时机已经成熟，开始让佛焰苞的内壁变得粗糙起来，背负着满身花粉的虫子，终于有了逃生的"阶梯"。然而，重获自由的虫虫，似乎已经忘记了昨夜被禁闭的滋味，颠颠地又循着尸臭味，飞向另一株刚刚开放的巨魔芋……

瞧，巨魔芋一手策划的生存计谋，就像一出完美的戏剧，有着让人震撼的"演员"阵容，有起因，有情节，有高潮，也有引人思索的结尾……

因此，当人们获悉，哪里的巨魔芋要开花了，便会争先恐后地前往观看。它散发出的尸臭味，也难以阻挡人们好奇的脚步。到目前为止，人工条件下巨魔芋成功开花的记录，全世界不过百余次，我国唯有北京植物园有成功开花的报道。

其实，要观赏这样一个另类植物开花，是不必去它的老家印尼苏门答腊岛的，甚至也不用去北京植物园。大家都吃过魔芋豆腐吧？生产此物的魔芋，它的花，就是文中主角的袖珍版。

和巨魔芋相似，魔芋花一经出土，也带着满身的诡异和妖艳。单单一个花序，会毫无征兆地拔地而起，接着便散发一股恶臭，花期结束后，才长出叶子。这对同科同属的"姐妹"，在外形和生存计谋方面，几乎如出一辙。

我在西安植物园见过的魔芋花，整个身高接近1米，靠迷惑苍蝇为自己传粉，花期大约为3天。

长瓣兜兰的骗局

世界上有三分之一的兰花，会使出模拟昆虫，扮演昆虫的情敌，使用"美食"诱惑，进行性欺骗等等，五花八门的"绝技"，来诱惑那些常常犯懵的小虫子，免费为自己干活，壮大兰花家族。

也就是说，这些家伙居然能"牵着昆虫的鼻子"，让一些不明就里的昆虫"愣头青"按照自己的心思，在既定的模式和时间里帮自己传粉，末了还是"铁公鸡"一枚，不付给干活者一厘工钱！

长瓣兜兰就是这样的"铁公鸡"，其"撒手锏"，是会模拟食蚜蝇"坐月子"的产房！

食蚜蝇，顾名思义是吃蚜虫的苍蝇。其实，长相如蜜蜂的食蚜蝇，成虫和蜜蜂一样，以花蜜、花粉、树汁为食，只有部分种类食蚜蝇的幼虫以蚜虫为食。长瓣兜兰就是仰仗模拟食蚜蝇的繁殖地，诱骗黑带食蚜蝇为自己免费做"红娘"。

大约所有母亲的心思都是相同的，希望自己的小 baby 一出生就能丰衣足食。黑带食蚜蝇妈妈在产卵时之所以会精心挑选"坐月子"的产地——蚜虫的聚集区，是希望自己的小 baby 打出生起，就有足够的食物。

有需求的地方就有交易，有交易就会滋生骗术。长瓣兜兰正是瞅准了黑带食蚜蝇的"软肋"，偷偷在自己的花瓣或唇瓣的基部，"画出"星星点点的"蚜虫"群——一粒粒黑栗色的突起物。在食蚜蝇妈妈的眼里，这里正是小 baby 们到时候可以撒着欢吃喝的"蚜虫餐厅"。

这位视力欠佳的妈妈，自认为找到了中意的产房，开始试图落到花瓣上去产卵。长瓣兜兰早料到这一招，蓄意让花瓣变得光滑而扭曲，食蚜蝇在尝试了几次无法降落后，突然发现不远处还有个平整的"停机坪"，它兴冲冲刚一落脚，却不承想，一下子便掉进唇瓣特化的兜兜里。

失足的食蚜蝇自然不知道，这"停机坪"是长瓣兜兰用退化的雄蕊，为它专门设置的第二重机关！

食蚜蝇开始自救，可兜壁内除合蕊柱所在的内通道外，全部光滑无比，想突围

出去比登天还难！这期间，它也尝试过其他方法，譬如跳出，无功而返后，只好乖乖沿着由唇瓣和合蕊柱构成的传粉通道往外爬，别无选择呀。然而这条通道，正是长瓣兜兰存放花粉块的所在地，是兜兰设置的第三重机关。毫无疑问，成功逃脱的食蚜蝇在爬出通道的那一刻，背上全被长瓣兜兰黏附上了花粉。当它在下一朵花上再度受骗时，便"荣升"为长瓣兜兰的"红娘"。

我们再来关注一下成功在"蚜虫"堆里产卵的食蚜蝇的后代。食蚜蝇的小 baby 们孵化出来后，立马发现母亲为自己准备的食物，只是一堆形似蚜虫的植物附属品，完全不能食用。而此刻，食蚜蝇妈妈早已不知去向，可怜刚刚来到这个世界的食蚜蝇幼虫，只能活活被饿死。

看来黑带食蚜蝇妈妈不仅粗心大意，而且是个虎头蛇尾的家伙，难怪容易被长瓣兜兰利用。

有趣的是，南美有一种长瓣兜兰，其扭曲的花瓣居然长达两米。这些直接拖到地面上的长花瓣，是这种兜兰专门为一些不会飞的小昆虫搭建的"天梯"。昆虫们循着兜兰发出的气味，沿着并不十分光滑的"天梯"往上爬，末了也会落入超长瓣兜兰的兜兜里，重复起黑带食蚜蝇"背花粉"的经历，演绎一幕幕天梯红娘的悲剧！

长瓣兜兰鼓捣出的这套复杂的传粉系统，看似高明，却也让自己陷入了脆弱的境地，加之人为掠夺式采挖，长瓣兜兰目前已处于濒危状态。

为了利益，让自己成为他人的地狱，长瓣兜兰的逻辑，越来越显得不合时宜了。

格桑花的舞步

当波斯菊在声声驼铃中，历经漫漫黄沙，沿丝绸之路与茶马古道进入华夏大地时，这种老家在墨西哥的高个子植物，一下子就爱上了这里，落地生根漫高原，乱花渐欲迷人眼。甚至，在雪域高原之巅，也能直面萧索，用它的纤臂柔骨和恬静的花朵，书写出生命的瑰丽。人们将它连同那些不知名的草花，统称为格桑花。

"格桑"，在雪域高原藏语中，是幸福的意思。

大概是它太皮实了，庭园、郊野、路畔、沟渠，哪里都能当家，哪里都可以开出一世繁华。入乡随俗的波斯菊，很快拥有了许多俗气的名字：扫帚梅、茴香花、须须花、八瓣梅、张大人……呵呵，这些名字听着普普通通、热热闹闹，只是少了些许诗情画意。

可以理解，叫扫帚梅、须须花和茴香花的缘由，皆因波斯菊的花茎细细长长，深裂的羽毛状叶子，丝丝缕缕交互缠绵，像一把把倒立的小扫帚；这般模样，其实也像拥有线型叶蓬蓬勃勃的茴香；叫八瓣梅，大概是因为波斯菊大都拥有对称的 8 片"花瓣"吧。

用人的名字冠名一种植物，此人与该植物肯定有着非同寻常的故事，譬如刘寄奴、徐长卿等等。

拉萨的藏族人将波斯菊称为"张大人"，对当年的驻藏大臣张荫棠来说，是一种纪念，更是一种荣誉。

1906 年至 1907 年，张荫棠任驻藏帮办大臣。其时恰逢英帝国主义入侵西藏，藏族人民饱受蹂躏，祖国领土面临分割。张荫棠挺身而出，对外积极维护国家主权，与英人据理力争，修订不合理的条约；对内励精图治，积极整饬藏政，弹劾贪官污吏，推行实施了一系列安边治藏的政策，赢得了当地百姓的首肯和支持。

入藏时，张荫棠曾随身携带了许多花种，但藏区的土壤只接纳了生命力旺盛的波斯菊，其他种子均无法立足。从此，拉萨街头便被越来越多的波斯菊装点，成为最耀眼的自然风景。当地人不知此花何名，只知道是"张大人"带入西藏的，因此，大家称此花为"张大人"，并相传至今。"张大人"也因此承载了万物萧索时的希望，

是民族不屈不挠精神的象征。

　　其实，叫波斯菊也不科学，听这个名字，就知道它是舶来品。"波斯"二字，常让人以为它来自遥远的波斯王国（现今的伊朗），但它和古波斯国、波斯湾没有任何关系。波斯菊的老家在美洲的墨西哥，这个国家的国花里有仙人掌，有大丽菊，却没有波斯菊，看来家乡人也认为波斯菊是个喜欢四处漂泊的花花。

　　在哥伦布发现新大陆后，波斯菊从船员的指尖来到欧洲。从此，欧洲的绅士和淑女，才有缘见到了这种楚楚动人的花。

即使一丝微风，也令柔美的波斯菊摇曳生姿，展现出比芭蕾舞者更轻盈的舞步。这轻舞飞扬的舞步很快从花园旋转到郊野和山林，在欧洲大陆落地生根。欧洲的少女会在书信里夹一朵波斯菊，那是情窦初开的少女说不出口的心思，以及"他爱不爱我"的问号……

简约袅娜的波斯菊也征服了植物学者的心，他们为它取名 Cosmos——是英文里"宇宙"的意思，这倒十分贴合它现在遍布全球，如太阳般明媚宇宙的现状。

明治中期，Cosmos 到达日本，开始在亚洲的土地上轻舞飞扬，日本人叫波斯菊为秋樱——秋日的樱花，这姿态，这色彩，还真有几分神似呢。在韩国，Cosmos 也成为家喻户晓的花朵。

我更喜欢叫它的中文学名秋英——只需撒下一把花种，秋天就会繁英一片，听起来也像邻家小妹的名字。秋英的叶形雅致，纤细的茎上举出硕大的花朵，看上去温婉雅致、弱不禁风，但娇弱的外表下，却有着丰沛的生命力，是一种适合在野外恣意蓬勃的草花。即使茎干被风雨折倒伏地，也会在茎上生出根须，慢慢地昂起头来。

另一方面，秋英也有不容亵渎的自尊，如果将它折下来把玩，哀伤的秋英会很快枯萎。所以，秋英的花语是坚强和倔强。

由很多小花构成的头状花序，是包含向日葵在内的菊科大家族的共同特征。秋英也拥有着与向日葵一样的结构：舌状花冠延长，形成美丽的裙摆"花瓣"，而花盘中如太阳的"花蕊"，由管状花组成，这才是真正的花朵，一朵朵小花，秋末会变成狭长的种子。种子有橡刺儿，能钩住它遇见的任何动物皮毛和人类衣裤。

我们在不知不觉间也成为秋英的传播者，这也是它的一种智慧哦。娟秀坚强的波斯菊，就是这样征服全世界的。

秋日的阳光下，俯身波斯菊，深深地低下头去，再用仰视的角度，透过太阳的光芒看它们，会看到一群身穿红、粉、白色丝绸衣裙的"太阳"，正款款奔向纯净蔚蓝的天空。

有时候，我们需要俯下身来，才会发现美。

有时候，换一个角度看问题，方可看到更本质的东西。

葛藤的"潘多拉魔盒"

一天，一位就职南方的同学问我，葛藤在你们西安表现如何？

"一般般，就是一种普通的藤蔓植物。"

"哦，在我们这儿，它可是头号植物杀手……"

唉！我特别不习惯给植物冠以"杀手"的称谓。在自然界，一种植物突然间变成"脱缰的野马"，归根结底，要问责自以为是的人类。

在西安植物园药用植物区的入口藤架上，葛藤与何首乌、紫藤、青藤和平共处了50多年，一岁一枯荣。从没有见过葛藤用密匝匝的绿叶笼盖一切，它甚至一点儿也不出众。当我向学生指认它时，还要在众多羽状复叶中，仔细寻找它那巴掌大的三出叶片。

葛藤的本性，该是与人为善的。

在《诗经》中，葛藤和采葛人相映成趣，葳蕤了千年。

葛之覃兮，施于中谷，维叶萋萋。黄鸟于飞，集于灌木，其鸣喈喈。葛之覃兮，施于中谷，维叶莫莫。是刈是濩，为絺为绤，服之无斁……

轻轻读来，眼前便浮出一幅画，绿油油长满葛藤的山谷里，男耕女织，处处充溢着欢喜自在。隔了2000年的光阴，我甚至闻到了采葛人衣衫上散发出的葛藤清香。

如今，葛藤还像当初那样绿影婆娑，只是一些人怎么就谈"葛"色变了呢？

究其原因，是人的作为打破了自然界经过很长时间才建立起来的动态平衡。就像20世纪50年代，我国把麻雀列入"四害"消灭后，虫灾即以汹汹之势报复了人类。

葛藤身上隐藏的"潘多拉魔盒"，是怎样被打开的？

那是1876年，当葛藤从故乡之一日本，现身美国费城举行的世界博览会时，葛藤的足迹、名声和命运，从此发生了翻天覆地的变化，这也让从未走出亚洲的葛藤始料不及。

最初，葛藤是以凉棚植物的身份爬上美国南部城市里的凉亭和藤架的，它用"三出叶"快速织就了片片绿荫，人们投向它的眼神是温和的，甚至充满了感激。葛藤没有想到的是，20世纪，经过当地一位植物学家的试种推荐后，自己突然间就"飞

黄腾达"起来，成为美国联邦政府重点推广的植物。

在亚热带季风的吹拂下，葛藤欣喜地发现，这里没有天敌，一年四季温暖如春，太适宜自己居住了，再也不用在冬季里缩手缩脚，每天都可以撒着欢地生长！

葛藤不仅向植物学家显示了自己神奇的生长速度，还殷勤展示了自己全方位的优点：不择土壤，根深叶茂，是水土保持的好材料；花、枝、茎、叶样样有用，花可醒酒，叶子牛羊爱吃；藤是绿肥，还可以编织工艺品；葛藤的块根，可以加工成茨粉和类似于豆腐的食品……

于是，当美国南部惊现虫灾和经济大萧条农田大面积撂荒而导致水土流失时，葛藤顺理成章地成为"救荒"植物、"大地的医生"。美国农业部用奖金鼓励种植，建立苗圃重点培育。至 1940 年，仅仅在得克萨斯州，就种植了超过 50 万英亩的葛藤。

在这场不受大自然约束的"旅途"上，"带着面包和水壶去旅行"（萧仑语）的葛藤，将自己夸张的生长天赋，展露得淋漓尽致——一株葛藤可以分出 60 个枝杈，呈放射状泼辣辣伸胳膊伸腿。每个分杈每天赛跑似的爬出 5~10 厘米开外，一个生长季节攀爬近 50 米，总长度接近 3000 米！

换个说法，50 万亩的葛藤，十年后，已经翻了个儿，把一百万亩的土地，以及土地上的一切，用自己的绿荫遮盖得密不透风。

葛藤的生长速度到底有多快？幽默的美国人这样调侃：栽种葛藤的人，封土之后必须跑步离开，否则，葛藤的藤卷会缠绕上园艺师的腿，迅速把园艺师变成它的藤架。

葛藤撂腿撒欢，长得是真尽兴。可它笼盖下的其他植物，却遭了殃——没有了阳光，没有了立锥之地。

似乎是一眨眼的工夫，人们惊恐地发现：原本恩泽大地的藤蔓，突然间变成了绿魔，它的胃口超强，轻而易举地吞下了森林、山石以及它所触及的一切。目力所及，只剩下一个个"绿茧"。

到 20 世纪 70 年代，葛藤占领了密西西比、佐治亚、亚拉巴马等州 283 万公顷的土地，演变成美丽的灾难。而此刻，人们已经失去了对它的控制力。1954 年，美国联邦农业部已经把葛藤从推荐植物的名单上划掉，开始转向研究如何控制和消灭葛藤了，然而结果却是"野火烧不尽，春风吹又生"。

人类有意无意打开的潘多拉魔盒，不是轻易就能够关上的！

和葛藤的情况类似，原产于南美的仙人掌，当初被当作观赏植物引进澳大利亚后，没料到它们迅速蔓延开来，飞快占领了澳大利亚 2500 万公顷的牧场和田地，人们用刀切、锄挖、车轧，均无济于事；200 年前，澳大利亚从欧洲引进了几只家兔供

人观赏，在一次突发的火灾中，家兔逃出木笼变成了野兔，不到一百年，野兔的身影已经遍布澳大利亚，成了破坏庄稼、与牛羊争食牧草、影响交通安全的祸害……

是葛藤、仙人掌和兔子错了吗？

不，始终生命力旺盛的葛藤、仙人掌和兔子都没有错！

假如它们没有到过缺乏天敌和寒冬控制的异国他乡，假如当地政府没有极力鼓吹单一种植，"潘多拉魔盒"就不会打开。

我国也是葛藤的故乡之一。葛藤从《诗经》中人们喜爱的麻衣植物，转变成为我国南方所谓的绿色"杀手"，也仅仅是近十多年的事情……

在我国苏州、武汉、宜昌、深圳等地，葛藤的性格突然间变得暴虐，该归咎于生态环境的恶化，尤其是气候变暖：冬天不像原来那样寒冷——遏制葛藤生长的控制因素缺失。加上封山育林，人们生活条件的改善，进山砍葛藤（叶子用来喂猪、藤蔓用来编织藤椅）的人几乎没有了。这繁衍、控制和利用的动态平衡一旦打破，再美好的东西也可能会扭曲变性了……

滤过"绿魔""杀手"和"潘多拉魔盒"的碎片，重新审视生命力超强的葛藤，会不会脑洞打开呢？

城市中的楼房、广场、立交桥，可不可以穿上葛藤的绿色外衣？

用葛藤治理荒沙、水土流失和雾霾，可以吗？

既然花、枝、茎、叶样样有用，为何不逐一开发利用？

……

别一朝被蛇咬，十年怕井绳啊！

在我眼里，葛藤，依然是《诗经》里那个葛藤。三片心形叶子组成一枚枚复叶，在艳阳下圈出片片绿荫。初夏，当紫红色的花冠像一群群蝴蝶开始翩跹时，空气里便有甜丝丝的香味弥漫开来。

闭上眼睛深呼吸，这葡萄般的香味，会引你回到《诗经》里那男耕女织的画面：

葛之覃兮，施于中谷，维叶萋萋……是刈是濩，为绨为绤，服之无斁……

祈愿葛藤，在所有人的心目中，早日回归上古时那可爱的模样吧！

更祈愿：不要有意无意干涉大自然千百年来建立起来的生态平衡，哪怕是对待一株不怎么起眼的植物……

关于苹果，你怎么看？

我面前的这只苹果，有着白里透红、丰盈光洁的面庞，也具备一口咬下去果汁四溅的脆甜和爽口，但我没打算吃掉它，我想和它好好谈谈。

一直以来，苹果，这个市场上最大众的水果，它的形象出现在各个领域里，引出无数传奇，甚或左右着我们的观念和视听，成为欲望之果、引力之果、是非之果、时尚之果……

关于苹果，"元芳，你怎么看？"

如果元芳是我 10 岁的女儿朝朝，她会毫不犹豫地说：它又甜又脆，我喜欢吃！而牛顿大概会对苹果说出他的感激，感谢它砸醒了沉睡在脑海中的万有引力定律，被苹果击中的疼痛算什么？倘若还能砸出几个定律，天天躺在苹果树下，脑袋上多几个包又何妨？上帝呢，则后悔自己当初把关不严，让伊甸园的苹果，成了诱惑亚当和夏娃的欲望之果；特洛伊王子帕里斯，很可能会这样说：做出选择时，一定要慎重，否则，一只苹果，也能够引发长达十年的战争；"咬掉一口苹果"的乔布斯，大约会如数家珍地谈起他那光芒四射的苹果子女们 iPhone、iPad……

瞧，苹果不简单吧！这个家伙的每次出现，都会掀起世事变更，引发人无限的感慨！其实，苹果演变的足迹才是一波三折、引人深思呢。

原生态的苹果，酸得无法入口，它们唯一的用途，是用来酿造烈性苹果酒。18 世纪初，美国人"苹果佬"约翰尼，赤脚乘坐满载苹果种子的船，在俄亥俄河面上穿梭，用了 40 年的光阴，让 30 万株苹果树苗从俄亥俄州和印第安纳州的荒野上长出来——是苹果，将荒芜的旷野改造成美丽丰饶的家园。

还没来得及接受人类的赞美呢，20 世纪初，美国兴起的禁酒运动，让酸苹果们不得不重新审视自己并立即采取行动：要么被砍掉，要么变甘甜，苹果们不约而同地选择了后者。"一天一苹果，医生绕着走。"借助于这句广告，也借助于人的意愿，苹果树躲过了被砍的命运，队伍愈发壮大起来——苹果，懂得改变自己，懂得怎样去迎合人类对于"甘甜"的欲望。

酸苹果为了生存，也为了达到扩充地盘的目的，它开始与人合作，变得"听话懂事"起来，从口感、色泽，乃至外形，一步步变成我们想要的模样。在看似低眉顺眼的配合中，苹果依然有心机地把苦涩、含少量氰化物的种子包进甘甜的果肉里——没有人或动物傻到吃苹果时，连同种子一起吃掉。而且，不到种子完全成熟，苹果是不会让果肉生得美艳诱人的……这么想苹果的时候，连我也吓了一跳：一直自以为是的人类，在苹果的眼力，也不过是它的播种工具！

那么，苹果胜利了吗？我不这么认为！

把苹果从中间横向切开，会发现苹果中心有近似五角星型的五个小房间，每个小房间里，都有一枚或两枚油亮亮的褐色种子。这些种子，每一粒种

进土里，都具有完全不同的遗传可变性。也就是说，每一粒种下去，都有可能产生变异，或甜或酸，或大或小，或扁或圆，连苹果自己都不清楚。显然，果园里的果农们没人愿意让这些苹果种子复活，他们要的是好看、甘甜、个大的苹果，要的是市场。

人类对甘甜的过分追求，无视野生苹果还有甜、酸、苦、涩等多种滋味，但苹果自己，是该知道的吧？不仅味道多样，模样也不只是圆的，还有扁的、长的、卵形和圆锥形。当苹果的"多样性"被人的意愿控制，剩下的，就只是几个遗传上趋同的嫁接品种。嫁接，就是人类把中意的苹果枝丫，人为"安装"在土著苹果的枝干上，可以规模化地"复制"甘甜和美艳。这样做，无疑背离了苹果原本多样的野性——背离了个性张扬、锐意创新的苹果祖宗。苹果，就在人类对甜美的无限渴望中，一步步变成我眼前这个很艺术的样子。

苹果，这真的是你所想要的结果吗？人类，难道已忘记了当年单一种植土豆引发的爱尔兰大饥荒了吗？

苹果，静静地看着我，它不语。

关于苹果，你怎么看？

西红柿的华丽转身

告诉我：西红柿，是蔬菜，还是水果？

一辈子爱喝西红柿蛋汤的老妈肯定会说，是蔬菜；注重食材营养的老公则可能在心里掂量掂量，然后得出结论：既是蔬菜，也是水果；女儿朝朝，大概要跑到家里的水果篮前看看今天有没有她爱吃的水果后，才告诉我答案；而西班牙小镇布尼奥尔的居民们听到后，一定会不屑地撇撇嘴说：除过蔬菜和水果，西红柿怎么能少了快乐的投掷"子弹"这个身份呢？但如果我站在菜市场门口，去问进进出出拎着菜篮子的主妇们，我想大部分人会白我一眼：喜欢吃就好，分那么清干吗？

呵呵，西红柿是蔬菜，还是水果？我们当然无所谓啦。然而，在100多年前的美国，有人却非要分个一清二楚，为此还闹到了最高法院，因为这关系到要不要缴纳高额的关税。

这是一个有点搞笑的法律案子。作为商人的原告认为，西红柿是水果，要求返还他高达10%的进口蔬菜关税，而当时的被告——纽约海关，则认定西红柿是蔬菜，商人需要纳税。

关于西红柿"是蔬菜还是水果"的激烈辩论，为当时的法官和辩护律师们上了一堂精彩的植物课。法庭上，双方纷纷邀请出"证人"《韦氏词典》《帝国词典》《植物学大词典》等等，铿锵宣读对自己有利的章节。一番咬文嚼字后，原告强调：词典说了，西红柿属于"果实"，所以应该归于"水果"，不应收取关税。被告也不示弱：辣椒、茄子、南瓜这样的植物"果实"，你能拿它们当水果吃吗？这些果实，生活中可都是充当"蔬菜"的。尽管原告律师颇费口舌地引经据典，但法官最终站在了被告一方，裁决番茄是蔬菜，而不是水果。

鲜艳的西红柿，对此结果，以及对于人世间这场因它而起的小小纷乱和利益之争，表现得相当淡然——当蔬菜，或者当水果，只不过是人的习惯问题，自己在他们生活中的地位是固若金汤的。不像当初在老家秘鲁和墨西哥，那时人类对西红柿是充满敌意的，说这种长在森林里的野生浆果有剧毒，人吃了身上会起疙瘩、长瘤子。也不知道是谁，还给它起了个可怕的名字"狼桃"，听听这名字，谁还敢吃？往

事不堪回首，那是一段多么漫长而又难挨的岁月啊！

是金子总会发光的。当人类的一日三餐，再也离不开西红柿时，西红柿微笑着列出了自己的感恩名单。

名单里排在首位的，是一位英国公爵。16世纪，这位名叫俄罗达拉的英国公爵，在南美洲旅游时，被西红柿鲜红欲滴的迷人外形惊得瞠目结舌，他如获至宝般将它带回英国，作为爱情的信物，献给了心中的女神伊丽莎白女王。从此，西红柿摆脱了噩梦，以"爱情果"和"情人果"的身份，住进了人类的花园，跻身为观赏植物和礼品。

从野生到人类有意识的种植，西红柿家族的壮大迈出了坚实的一步。

名单里排在第二位的，是一位法国画家。西红柿的倩影，无数次晃动在这位画家的眼睛里和画作中。西红柿是了解这位画家的，它心中这位画家的弱点，大致也是人类的通病——面对美好的东西，总想据为己有，更有甚者会腹藏之。

一天，这位画家实在抵挡不了那红艳艳的诱惑，三两下就把一个美丽绝伦的西红柿吃进肚子里。然后，一边回味着西红柿酸酸甜甜的滋味，一边躺到床上等死。一天过去了，除过有点饿外，他依然感觉良好地躺在床上，美丽可爱却"有毒"的浆果，并没有带他去拜会死神——难道西红柿是无毒的？！可不是么，这消息像一阵飓风，迅速刮遍全球。

经过这位画家的口，西红柿完成了自己的华丽转身——它开始与人的胃握手言欢，西红柿的地盘，无可非议地，迅速扩大了许多。这看似简单的"从看到吃"，西红柿为此，却等了整整一个世纪。

接下来，在"和平"年代，西红柿要感谢的当属忙于算计的营养专家了，他们为它起了个好听的名字"菜中之果"，并用一系列数字标榜了它的营养价值——西红柿中维 C 的含量为 20 毫克/百克，而苹果仅为 3 毫克/百克。葡萄糖和果糖的含量为 1.5%～4.5%，占其总重量 0.6% 的是各种矿物质，其中以钙、磷较多，锌、铁次之，此外还有锰、铜、碘等微量元素。其特有的番茄红素，清除自由基的功效远胜于维生素 E，其淬灭单线态氧的速率常数是维生素 E 的 100 倍，是迄今为止自然界中发现的最强抗氧化剂之一，可有效预防衰老……呵呵，美丽的西红柿真是表里如一啊！当我在电脑上敲下这些文字时，心中想的是，下班后去买菜，一定要多多买西红柿——如此看来，愈发妩媚和超有内涵的西红柿，你是不是也应该感谢我们这些喜欢吃你的普通人呢？

每年 8 月的最后一个星期三，西班牙的小镇"布尼奥尔"，会准时举行另类的"西红柿节"，来自世界各地几万名游客，会用 100 多吨西红柿相互投掷（游戏规则：捏烂后再投），见人就扔，不分敌我。无数红色的子弹在小镇的天空中穿梭飞舞，"中弹"是迟早的事。待这场快乐而又刺激的"西红柿大战"结束时，地面上已是厚厚一层西红柿汁了，整个街道就像一条红色的"番茄河"，意犹未尽的"战士"还不忘扑倒在血红的酱汁中，摆出各种好玩的 POSE……

在这场声势浩大的人与植物、人与人的狂欢中，西红柿肯定不用像哈姆雷特那样，和自己讨论生存还是死亡的问题，因为对植物而言，无论是以水果或是蔬菜的方式被吃掉，还是被当成"武器"消耗掉，对整个种群来说，都是好事——个体的迅速消失，可以换来种群更多"生长"的机会，这是好多植物求之不得的呢。

06

第六辑

入选高考、中考阅读题
的草木美文

爬 墙 虎

五年前的初夏，张阿姨在西墙根种了两株爬墙虎，说西照日头晒得楼板都要着火了。

瘦瘦弱弱手掌般高的小苗，在淡黄色的高墙下面，看起来弱小又无助。我心想，它能活下来就不错了，咋好指望它抵挡骄阳？！

爬墙虎不语，在傍晚的阳光中蔫头耷脑，像是默许了我的想法。

只三四天工夫，缓苗后的爬墙虎，一下子睡醒了似的，左伸一只触角，右伸一只触角，一步一串脚印，一步染绿一寸墙壁地往上爬。这一爬起来，就止不住了。西墙上，留下一串串赛跑的脚丫子。

下午下班后，我常常绕到西墙边，看它们在夕阳里葱茏。我不清楚这些小脚丫是什么时候长出来的，每天当我走近它们时，就感觉爬墙虎又长高了，枝条在墙壁上又蹿出一个手掌的长度；藏在叶片下的小脚丫，又多出来几只。新叶嫩嫩的，油光水亮，绿中带着明黄，有时还泛出粉粉的红色，真叫人欢喜。

忍不住看一眼，再看一眼，似乎日子里所有的好，都汇聚在它的新叶里。

看久了，竟觉得爬墙虎长在墙壁上的样子，是一幅动态水墨画，葳蕤、娟秀，处处透着生机。挥毫的，自然是爬墙虎。它的用色很简单，只深深浅浅的绿和嫩生生的红。但每一处皴染，都很传神；每一笔用色，都恰如其分。真佩服爬墙虎，算得上高明的艺术家，比我见过的最厉害的画家功力都要强。

我是仔细观察过爬墙虎的小脚丫的。几乎在每一个叶腋处，先是伸出一根不长的触须，触须的顶部，不久会像人的手指那样分生出一个个细梢，每个梢头，很快膨大出一个小小的"脑袋"，一旦触及墙面，小圆脑袋就变成了一个精致的微型吸盘。

爬墙虎正是仰仗这吸盘触角，牵动茂密的枝叶，从墙根一步步爬上了墙壁。

爬墙虎的吸盘触角，像极了壁虎的脚丫子。我很诧异，一个是植物，一个是动物，两个不同的物种，竟拥有相同的爬行器官，这真是奇妙无比。能够在竖直的墙壁上攀登，起初是爬墙虎模拟壁虎呢，还是壁虎在爬墙虎处获得了灵感？

我数过，一米长的爬墙虎茎枝上，大约有20多个小吸盘。我曾经用手轻轻地试

过小吸盘的力度，但它尽心尽力的样子，直接藐视了我。爬墙虎的触须可能断掉，但小脚丫依然稳稳地附着在墙壁上，像一颗颗坚定不移的钉子。

有人测了一下，一米茎枝上的小吸盘，可以负载起3公斤的拉力。3公斤，这可是我家朝朝八岁时，用双手才能拎起的重量呢！

爬墙虎的根里，似乎也盛着一部能量永动机。从春到夏，打根底冒出的能量，翻腾着江河般的力量，顺着爬墙虎褐色的茎干，奔涌着流向绿叶，流向千千万万个小脚丫，在淡黄色的墙布上一寸寸泼墨，一厘厘游走，让绿复叠着绿。

"苔痕上阶绿，草色入帘青。"突然觉得大诗人刘禹锡的这个句子，用在春夏的爬墙虎身上，也蛮适合呢。

一个夏天过后，两株爬墙虎蓬勃的"画作"，已经占到了墙面的五分之一。一阵风过，顺溜的碧叶间，会依次轻轻地翻腾起一层细浪，闭上眼睛细听，似乎还有音乐叮当作响。

坚硬的墙面，从这年开始，有了呼吸，有了美丽的衣裳，有了无数关注的眼眸。太阳暴晒、电闪雷鸣、狂风骤雨中，爬墙虎的脚步，都不曾停歇过。

张阿姨说，多亏种了爬墙虎，也可能是心里感觉吧，家里凉快多了。

第二年，爬墙虎"挥毫"的力度明显大多了。每一天，它长出的新梢，已经远远超出了我用手掌丈量的范畴。那满墙的绿，犹如潺潺的溪水，在竖直的墙壁上，向上、向前蜿蜒。

当点点白花从绿叶丛中探出头来时，我知道，它要开始孕育下一代了，每日里便多了些期待。花儿谢了，结了一个个青色的豆豆，慢慢地，绿豆豆变成了紫豆豆，紫豆豆又变成了黑豆豆。这时候，会有麻雀飞来，直奔黑色的豆豆。爬墙虎分明是欢迎麻雀的，它交给鸟儿果实，鸟儿会把它的下一代，运往它不能抵达的远方。爬墙虎，让我看到了动植物之间的友好合作。

之后的岁月，这两株爬墙虎，用绿叶和奔跑的点点脚丫，给我展示出了"虎"一样的气势。这气势，也让我对自己当初的幼稚想法羞愧不已。

真佩服为爬墙虎起名字的人，只三个字，就切中了"命脉"，描摹出了这种植物的外形和精神。

当秋风漫过头顶的天空，张阿姨家西墙上的画渐渐呈现出别样的神韵——红霞，一点点从绿叶中泛出，像一片片火苗，也像一颗颗红心，将夏天里凝聚的热情，一股脑儿诉说出来。"满目苍凉意，忽来照眼红。"如花非花的红叶，成了长在淡黄色墙壁上的一首抒情诗。

当抒情诗片片退去，透出笔走龙蛇般的枝干，依然是震颤人心的景致——血管

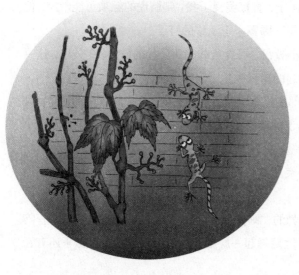

一样的构图、凛然的筋骨、灵魂般的质感。生命的坚韧、张力和走向，剪纸般凝固在西墙上……

如此这般，叶儿绿了红，红过又绿。当初孱弱的爬墙虎，渐渐织就了整整一面西墙的"壁挂"。这壁挂，也像一片竖起来的绿莹莹的湖水，可以静静地流进心里。

炎炎夏日，看到它的人都不由得驻足赞叹："真美啊！"

燥热的心，瞬间像是被爬墙虎举着的绿色"小扇子"扇过一般，渐渐安宁下来。

曾经看到过一则报道，说一株 4 岁的爬墙虎，已经爬到 7 层楼房的墙面上。

在爬墙虎的眼里，生命大概是永无止境的吧。

我不知道爬墙虎最终能爬到多高，但它的生命力委实让我吃惊。资料上说，一株爬墙虎，一个季度可以窜高 1 米；一根茎粗 2 厘米的藤条，种植两年，墙面的绿化覆盖面可以达到 30～50 平方米。这本领，其他植物怕是望尘莫及的。

几乎用不着人去浇灌，也不需要施肥、修剪，单是依靠伸向大地的根，探寻能量，就可以用自己的身体织成浑厚的"挂毯"，消噪、蔽日、除尘……爬墙虎，真的是自力更生、自强不息的典范呢！

西墙上，两株爬墙虎的碧叶虬茎，还在一点点丰盈，一步步延伸、厚重。

前几天，见到张阿姨时，她笑逐颜开，说大热天里，有了爬墙虎，家里比外面低三四度呢，都不怎么开空调啦。

（注：该文发表在《人民日报》大地副刊 2016.11.30）

【阅读练习】（14 分）

阅读下面的文字，完成 1～3 题。

1. 下列对文章相关内容和艺术特色的分析鉴赏，不恰当的一项是（　　　）（3 分）

A. 作者善于运用比喻和联想来表现内心的情感，由风吹碧叶联想到细浪和叮当作响的音乐，流露出对爬墙虎的喜爱。

B. 深秋时节，其他植物都已萧条，而爬墙虎却一墙飘红，作者即景引用"满目

苍凉意，忽来照眼红"的诗句，表达内心的惊喜。

C. 文章引述介绍爬墙虎的相关资料，把爬墙虎与其他植物相比较，丰富了作品的内容，表明了作者鲜明的褒贬态度。

D. 文章以爬墙虎随时间推移而产生的外部形态变化为明线，以作者对爬墙虎的认识和情感变化为暗线，行文脉络分明。

2. "一幅动态水墨画"形象地写出了作者对爬墙虎生长状态之美的总体感受，请结合全文简要分析。（5分）

3. 张阿姨、"驻足者"和作者对爬墙虎的喜爱有何不同？这种不同蕴含着什么道理？请结合全文，谈谈你的看法。（6分）

【参考答案】

1. C

相关解析："把爬墙虎与其他植物相比较"属于无中生有，文本中没有涉及；考查方向：筛选并整合文中的信息。解题思路：要辨明检索区间，确定对应语句，然后学会死抠字眼，抓住句子表述的本质。

2. "总体感受"是作者对爬墙虎生长之美的欣赏和赞美。在作者看来，爬墙虎是一名高明的艺术家，它的生长就像画家在挥毫，皴染，泼墨，走笔，其形、色、势富有变化之美，这幅"水墨画"意趣盎然，让人欣喜，令人佩服。

相关解析：要重点分析"动态"两字的内涵和作用；考查方向：筛选并整合文中的信息；解题思路：本题考查的是从整体上分析作者的思路和提供的信息；易错点：考生可能答题要点不全，或者要点重复，回答时要注意角度。

3. 张阿姨着眼于爬墙虎的实用价值，"驻足者"着眼于爬墙虎的审美价值；作者注重爬山虎的审美价值和教育意义：欣赏爬墙虎画一般的外形和虎一般的精神，认识到爬墙虎是自力更生、自强不息的典范。事物有多种意义，不同的人对同一事物会有不同的感受和认识。

相关解析：本题是要考生探究作者的写作意图和感情倾向，就是依据文本或显或隐的有效信息，如主旨句、过渡句、中心句、点睛句、负有作者情感倾向的词句、暗示作者生平经历的词句、暗示社会环境的词句等，解读作品的主题，从而探讨作者的创作意图，对作品进行探究式解读；考查方向：探究作者的写作意图和感情倾向；解题思路：探究题，要源于文本，高与文本，在紧扣文本的基础上，适当加以拓展；易错点：对于探究题，考生往往会感觉"老虎吃天，无处下口"，或思考问题浅尝辄止，只看表面，不作深入探究。

塔黄隐匿一世，只为花开一时

①第一眼在图册中见到塔黄时，简直惊为"天物"。不远处的雪山正在融化，稀薄的云雾间，一株比人还高的黄绿色植物，在遍地湿润的碎石间葱茏、醒目，周围看似荒芜的山峦，因了这玉树临风的"美丽裙摆"，竟也生出无限的诗意。真的难以想象，在喜马拉雅山麓及滇西北海拔4000米以上的高山上，这高达2米的大个子草怎么生存？它难道不懂"木秀于林，风必摧之"的道理么？在狂风肆虐的环境里，长高可是需要勇气的——紧贴地面、周身被毛，才是王道，身穿"棉毛大衣"这样的保暖措施，不就被各种雪莲和雪兔子（一种植物）所采用么。塔黄，为什么是个例外？

②对于高山植物来说，流石滩大约是绿色生命能够抵达的上限，再往上走，就只剩下裸露的冻土和终年难以消融的冻雪和坚冰了。有人说，流石滩是严寒把石山给冻碎了，成为遍地的石头。的确，海拔4000米以上的高山流石滩，年均气温始终徘徊在-4℃以下，最热月的均温也不超过0℃，加上经年累月的强风怒号，一般植物都难以招架如此恶劣的环境，纷纷香消玉殒。

③然而，塔黄却用美丽强韧，甚至是张扬的生命，告诉我们：智慧，可以创造奇迹！

④这智慧，凝聚在塔黄的性格里，凝聚在那一张张近似于透明的大苞叶上。塔黄其实是知道高山植物的苦与痛的，它非常清楚什么时候该干什么。它的一生说长不长，说短也不短，在5~7年的寿命中，百分之八十的时间里，它都朴素得如同一株白菜，匍匐在流石滩上，汲取阳光雨露，和狂风严寒抗争。

⑤到了生命的最后一年，也就是开花结果的这一年，它的性情和外表都会突然间改变，它不再隐忍，不再矮小平凡，取而代之的是张扬和华美。从这个时候开始，它华丽转身，跻身为高山流石滩上"身材"最高、最靓的草本植物。隐匿一世，只为了花开一时。这点很像竹子的生活方式，一生只开一次花，结果后生命了结，但塔黄开花的样子很美艳。

⑥时间进入盛夏，这里的冰雪却刚刚消融。仿佛受到了某种召唤，从白菜叶子似的莲座样基部，慢慢抽出一根"擎天玉柱"。这高达1.5~2米的"玉柱"，是塔黄

的巨型花序，花序由下向上逐渐变细，在花序的外面，覆盖着一层像瓦盖一样的苞片。这苞片是半透明的，每个心脏形的苞片都向下悬垂包裹，苞片的中心鼓起来，苞片的边缘则紧紧贴合着下面的苞片，就这样一片搭盖着一片，上片搭在下片之外，一层层叠加上去；色彩也由翠绿逐渐过渡到金黄，远观如可爱的宝塔。在我眼里，它更像是身段婀娜的少女，去赶赴重要舞会前精心制作的礼服裙裾。仿佛一转身，整个世界都会旋转在她的裙裾下。

⑦轻轻揭开一个苞片，当里面一簇簇小花映入眼帘时，你会恍然大悟：原来，塔黄把自己捣鼓得如此别致，是经过深思熟虑的，而且非常的科学。全身上下这些覆瓦状的半透明苞片，犹如一个个小型温室。吸纳阳光的暖，汲取月色的美——白天阳光耀目时，苞片会阻挡紫外线的强烈辐射，而让内部的温度得以在光照下攀升；到了夜晚，外部气温骤降，因有苞片的包裹，热量不会轻易散出去，这样内部的温度会明显高于外界；此外，苞片还可以阻挡疾风骤雨的侵袭……如此这般，苞片里的小花和未成熟的果实，在生存条件恶劣的雪域高原，依然可以安心地做"温室"里的花果。当我们在北方为南方植物因建造了越冬温室而沾沾自喜时，岂不知，塔黄一经长成，就拥有一个个纯天然精巧绝伦的迷你型温室。

⑧雪域高山上，一种名叫蕈蚊的昆虫，显然也知道这种"温室"的妙处。塔黄的温室，也是蕈蚊的育婴室。塔黄开花时挥发的"2-甲基丁酸甲酯"，在传粉蕈蚊的眼里，是一种精密的化学"导航"，会指引蕈蚊在空旷的流石滩上快速发现它。

⑨雌雄蕈蚊双双赶来后，会在苞片外交配。之后，雌虫会进入苞片内，从此享受起风雨无侵、张口即食的安逸日子。

⑩在此过程中，黏附在蕈蚊身体上的花粉，会在它到处进餐时传递到柱头上，帮助塔黄实现受精。末了，蕈蚊还会将卵产入一部分花的子房里。子房内的卵，在塔黄种子即将成熟时开始孵化成幼虫，并以成熟的种子为食，直到幼虫完成发育。之后，蕈蚊爬出果实，下到地面钻进土里化蛹越冬，第二年六月份，又羽化成虫，开始下一个世代的轮回。想必此时的塔黄也很满意，自己只贡献了一部分种子，蕈蚊

就帮自己完成了子孙繁殖的大业。

⑪至于塔黄在生命的最后一年，为什么要生得如此高大？我个人以为，这是塔黄希望自己成熟后的种子，在搭上高山劲风的便车后，能走得更远一些吧……

⑫没有前几年在冰雪严寒中的默默积累，也就没有最后绽放的华美。

⑬人生也同样。曹雪芹十年磨一剑，增删五次，方成《红楼梦》；司马迁用毕生的精力，成就了《史记》……不积跬步，无以至千里；不积小流，无以成江海。

⑭看来，塔黄早就明白这个道理。

【品　析】

本文向读者介绍了塔黄独特的生长习性，让读者从中领略了植物惊人的生存能力和生存智慧。文章构思巧妙，先运用一连串的问句开头，对塔黄的生存发出疑问，激疑设趣，引发下文；接着，重点介绍塔黄在生命的最后一年，集中力量开出硕大花朵的经过，优美的语言，详细的描绘，准确的说明，把塔黄的特性充分展示在读者面前；最后，由物及人，点名哲理，升华主旨，余味无穷。

【阅读练习】

1. 品读第二段中的画线句子，简要分析哪些词语体现了说明文语言的准确性。

2. 阅读文章第六段，作者是如何描写塔黄的巨型花序的？

3. 塔黄为什么要在生命的最后一年把自己长成"擎天玉柱"？

4. 蕈蚊与塔黄之间有着极为密切的关系，请简要进行分析。

5. 历史上像曹雪芹、司马迁这样厚积薄发的名人还有许多，请再举一例。（要写出其成就）

【参考答案】

1. 这一句中"年均气温"一词用得很准确，强调的是平均温度，而不是某一个时间点的温度；还有"一般"，强调的是普通植物，而不是所有的植物，这些词体现了说明文语言的准确性。

2. 抓住它的外形和色彩变化，运用打比方等说明方法，从高度、形状、色彩三个方面进行生动的说明。

3. 一是山区昼夜温差大，塔黄开出巨大花序，是为了保护花和未成熟的果实；二是塔黄长得高一些，成熟后的种子就能搭上高山劲风的便车走得更远。

4. 塔黄为蕈蚊提烘"育婴室"，蕈蚊都塔黄传授花粉。

5. 李时珍跋山涉水，遍尝百草，历时数十载，著写《本草纲目》。

当学荷叶会自洁

①你凝望过雨中的荷叶吗?

无论多么猛烈的暴雨,打落在荷叶身上,只会"大珠小珠落玉盘",一旦"玉盘"稍稍倾斜,便不见了雨水的影子。用手摸一下荷叶,除过低凹的中心,叶子表面竟然是干燥的,仿佛倾盆大雨根本就不曾降落在它的身上。

即使没有下雨,荷叶表面也永远纤尘不染。有人做过实验:在莲叶上滴几滴胶水,黏度很强的胶水也没能黏在叶面上,而是滚落下去并且不留痕迹。能够拥有如此"出淤泥而不染"的高尚品质,只因为荷叶能够"自洁"!

②按说,绿色、有机的荷叶,在大自然中是很容易吸附水分或沾染上污渍的,为什么荷叶能傲立尘世,始终守身如玉?_____

是荷叶表面太光滑了,光得让灰尘"站不住脚跟"吗?

恰恰相反!荷叶自洁的原因,是因为它的表面是粗糙的——这,可能会颠覆我们日常对于洁净的认识。呵呵,大自然常常会矫正我们很多自以为是的狂妄和无知。

③还是借助于超高分辨率的显微镜吧。在此显微镜下,可以清晰地看到荷叶的表面上布满了许多微小的蜡质"乳突",每个乳突的直径是 8~10 微米(1 毫米=1000 微米,1 微米=1000 纳米),高低略有不同,乳突间距为 10~12 微米。而每个乳突是由许许多多直径约为 200 纳米(1 微米=1000 纳米)的细小突起组成的。纳米有多小?打个比方,如果一根头发的直径是 0.05 毫米的话,"咔、咔、咔"把它纵向分割成 5 万根,每根的直径大约就是 1 个纳米,可见有多么细小。

④前面对于蜡质乳突的说法似乎有点枯燥,换个形象的说法:荷叶的表面上有一个个隆起的"小山包",在每个"小山包"上,又布满了绒毛状的小小"碉堡"。虽说是"山包"和"碉堡",但这种结构,人用肉眼甚至借助普通显微镜是根本看不到的。

⑤由于"小山包"间的凹陷部分充溢着空气,这样就在紧贴叶面的地方形成了一层极薄的、只有纳米级厚度的空气层。当外形尺寸相对超大的雨水(水滴的最小直径为 1~2 毫米),降落在叶面上后,不仅与叶面隔着一层极薄的空气,而且只能

同叶面上"碉堡"处的凸顶形成点接触——此情此景，是不是有点类似于水珠站在了密密麻麻的针尖上？

⑥空气和为数众多的"碉堡"，共同组建了荷叶表面的疏水层。在"碉堡"顶上"悬空而立"的雨点，由于自身表面张力的作用，形成了球形水珠，水珠在滚动的过程中会顺道儿吸附灰尘。因此，只要荷叶稍稍倾斜，水珠就会附带尘埃滚开。这，就是著名的"荷叶效应"——因为粗糙，所以干净。是不是颇具颠覆性？

⑦自洁，不仅令荷叶美观，而且有利于防止大气中的有害细菌和真菌对植物的侵害。对荷花而言，这种结构还提高了叶面进行光合作用的效率。

⑧荷叶的自洁效应，给了人类无限的启发和表率作用。基于此，科学家把透明、疏油、疏水的纳米材料运用到汽车烤漆、建筑物外墙或是玻璃上，不但随时可以保持物体表面的清洁，也减少了洗涤剂对环境的污染，安全又省力；把这种物质应用到织物上面，不仅显示出卓越的疏水、疏油性能（包括蔬菜瓜汁、墨水、酱油等），减轻了洗衣负担，而且不会改变织物的纤维强度、透气性、皮肤亲和性等原有性能，甚至还增加了杀菌、防辐射、防霉等特殊效果……

写到这里，我不禁想，倘若将荷叶的这种自洁本领，能够置入每个人的心灵，世界将会变得多么美好啊。

【阅读练习】

1. 第①段写雨打荷叶只会"大珠小珠落玉盘"、荷叶"出淤泥而不染"有什么作用？（2分）

2. 结合上下文，用一句话补充出第②段空缺处的内容。（2分）

3. 第③、④两段均在说明"蜡质乳突"，但用了不同的说明方法，你更喜欢其中哪一种？为什么？（2分）

4. 第⑤段中"极薄的""只有纳米级厚度的"两个短语都在说明空气层很薄，是否重复多余，为什么？（2分）

5. 为了说明"荷叶的自洁效应"，作者采用了哪种说明顺序，请简要分析。（2分）

6.【积累链接】请默写出周敦颐《爱莲说》中"出淤泥而不染"的下一句。（2分）

【参考答案】

1. 引用诗文，形象地引出本文的说明对象荷叶及其"不吸附水分""不沾染污渍"的自洁特征，富有诗情画意的美感，激发读者的阅读兴趣。

2. 为什么荷叶能傲立尘世，始终守身如玉？或"为什么荷叶能'出淤泥而不染'？"或"为什么荷叶能自洁？"（契合语境，意思相近，是问句即可）

3. 更喜欢第③段，第③段运用列数字的说明方法，更加准确具体地说明了蜡质"乳突"的微小，体现了说明文语言的科学性和严密性。或者：更喜欢第④段，第④段运用打比方的说明方法，将荷叶表面微小的蜡质"乳突"和"乳突"上面细小的突起比作"小山包"和"小山包"上的小小"碉堡"，生动形象地说明了蜡质乳突的特点，通俗易懂，增强了文章的趣味性和生动性。（二者皆可）

4. 不重复多余，前者是用"极"这个副词修饰"薄"的程度，有点抽象，后者用"纳米级"这一具体度量单位进行补充说明，就进一步强调突出"薄"的特点，令读者更清楚明白。

5. 逻辑顺序。先说明荷叶能够自洁的现象，再揭示荷叶自洁的科学原理（本质），最后说明"荷叶效应"在生活中的应用。

6. 濯清涟而不妖。

岩蔷薇，自私而无畏的"母爱"

①岩蔷薇，顾名思义，是生长在岩石上的蔷薇。

②初夏时节，深绿、油亮的叶片顶着五颜六色的花朵，蔷薇花瓣开始铺在裸露的沙砾或岩石上，红的如霞，白的若云，黄的似锦……五枚圆形的花瓣，按顺时针方向依次叠压，然后在花心部位沉淀出深色的云纹。微皱的花瓣轻薄如纱，不摇香已乱，无风花自飞。

③很难想象，这柔美的岩蔷薇，拥有着如火般刚烈的性格，它会自燃，而且是故意的！

④岩蔷薇名字里虽有"蔷薇"二字，花朵形状也和单瓣蔷薇很像，却和大家常见的蔷薇没有一点"血缘"关系，是半日花科的植物。

⑤生长在摩洛哥、西班牙中部山区岩石上的岩蔷薇，生存环境无疑是恶劣的，在与炎热斗、与贫瘠斗、与同伴斗、与狂风雷电斗的峥嵘岁月里，岩蔷薇练就了自燃的本领——把自己和周围的植物一并烧成灰烬，为下一代赢得宝贵的生存空间。

⑥从种子钻出地面开始，岩蔷薇的叶片里，会持续分泌一种类似于香脂香气的挥发性精油。当岩蔷薇觉得自己的种子快要成熟时，她会将枝叶里挥发性精油的储量增加到几近饱和。这个时候，一旦遇上干燥的晴天，外界气温超过32℃时，在"导火索"骄阳的照耀下，岩蔷薇就会把自己燃烧成一把壮烈的火炬！

⑦星星之火，可以燎原，更何况是高温下刻意燃烧的火炬！

⑧在这场蓄意的纵火案中，牺牲的不仅仅是岩蔷薇妈妈，生长在她周围的植物，都无一幸免。因为，自私而无畏的岩蔷薇妈妈知道，岩石上的生存空间寸土寸金，谁能占领空间，谁才能获得生存。因此，在给自己的孩子穿上"防火服"（种子壳外的隔热层）后，岩蔷薇妈妈毅然决然地选择了自杀式燃烧，这需要多大的勇气哦！或许，她更懂得"退一步海阔天空"的道理。

⑨这自私而无畏的妈妈，在用自己的生命为孩子换来生存空间后，还不忘化作草木灰，滋养孩子的未来。从这个意义上看，母爱真是太伟大了！正应了罗曼·罗兰的那句话：母爱，是一种巨大的火焰。

⑩在母爱的营养中，小小的岩蔷薇种子在来年会率先破壳，发芽，展叶，开花，等轮到自己做了妈妈，在孩子"长大成人"快要离开自己时，这代岩蔷薇也会"历史重演"，像上一代母亲那样，在骄阳下让自己和周围的竞争者同归于尽，用身体的大火，为自己的孩子圈出充足的生长领地，如此代代相传……

⑪在人们的眼里，植物世界是平静而温顺的，仿佛所有植物都会默然顺从、逆来顺受，但岩蔷薇的自燃，恰好说明，在这个世界上，植物与命运的抗争，其实是非常惨烈的。

⑫在自然界，不止岩蔷薇敢于和命运抗争，南美洲大森林里的"看林人"杜鹃树、生长在西班牙的自焚树以及我国新疆天山地区的白鲜等等，都拥有自燃的无畏本领。

⑬树木的自燃，对森林来说，也不全是坏事。自燃，不仅可以控制森林幼树生长的数量和速度，而且能淘汰一些病树、枯枝，为森林中各种树木的快速成材提供适当的空间。

⑭美国黄石国家公园里的森林，在自然状态下，每隔5～20年就会自燃起火，但是该公园在得到人工保护后，80年间未发生过火灾。然而，这看似一团和气的背后，却导致了此地森林的生长过缓，新生林减少。1988年的那场大火，不仅没有毁灭黄石国家公园，反而让该公园的森林，从此充满了勃勃生机。

⑮可见，草木的自燃，不是我们表面上看到的自我毁灭，而是一种更有意义的重生。

【品　析】

这篇文章开门见山，告诉读者岩蔷薇是一种会"自燃"的植物；在充分调动起读者的阅读兴趣后，作者以诗意的语言，向读者介绍了岩蔷薇自燃的整个过程，使读者知道了岩蔷薇以燃烧来抗争命运、延续后代的独特生存技能，从而深受启示；最后，由点到面，介绍植物自燃这一现象的生态意义，让读者对植物自燃有了更为科学的认识。

整篇文章语言优美，描写细致，赋予岩蔷薇以人性的美丽，让读者如临其境，如睹其物，在美的享受中获得了丰富的植物知识，并感悟到了母爱的伟大。

【阅读练习】

1. 品析下列句子在表达上的妙处。

蔷薇花瓣开始铺在裸露的沙砾或岩石上，红的如霞，白的若云，黄的似锦……

2. 岩蔷薇妈妈为何要燃烧，它又是如何实现自我燃烧的？

3. 作者引用罗曼·罗兰的"母爱，是一种巨大的火焰"这句话，目的是什么？

4. 阅读文章第⑭段，作者为什么要列举美国黄石国家公园里 80 年间未发生火灾这一事例？

5. 你从岩蔷薇妈妈身上获得了哪些有益的启示？（至少写出两点）

参考答案

1. 运用比喻和排比的修辞手法，写出了岩蔷薇的五颜六色，缤纷美丽。

2. 因为岩蔷薇妈妈知道，岩石上的生存空间寸土寸金，它通过自杀式燃烧，烧死其他植物，从而用自己的生命为已穿上防火服的孩子赢得生存空同。岩蔷薇从钻出地面时，叶片就会持续分泌一种挥发性精油；等种子快成熟时，挥发性精油的储量会增加到几近饱和，这样一旦遇上干燥的晴天，外界气温超过 32℃时，岩蔷薇就会自燃。

3. 来赞美岩蔷薇妈妈的自我牺牲精神。

4. 通过此例从反面来证明，草木的自燃在维护生态平衡方面是很有必要的。

5. 在艰苦的环境面前，要勇敢面对；退一步海阔天空；要有自我牺牲精神。

睡美人的"蛇蝎心肠"

盛夏，途经植物园水生区时，那一池或红或蓝的睡莲，那些"睡着"又"醒来"的花儿，都能牢牢牵住我的视线，千娇百媚，却又清丽雅洁。只恨自己没有画家莫奈那样的手艺，好让眼前的一池睡莲，永恒在缱绻婉约、深邃悠远的画卷里。

其实，睡莲的色彩与芳香，并不是要展示给人类，更不是为了装扮水面。美与芳香被睡莲制造出来，只是用来吸引和挽留"爱情"的使者——蜜蜂或是叫不出名字的小昆虫。这些红娘，会为睡莲花朵捎来虽则几步之遥，却永远隔水相望的情人之"吻"。

只是，大部分睡莲对待红娘的做法，并不如它们的外表那样娴静淑惠。在开花的第一天，睡莲会在花心部位设计出一汪"水牢"，一些贪嘴或者粗心大意的红娘，会在此命丧黄泉。瞧，自然界处处有陷阱，睡美人也有"蛇蝎心肠"，它们会"谋杀"小昆虫！

睡莲为每一朵花设计了大概 3~4 天的寿命，通常情况下，睡莲让雌蕊比雄蕊先熟。开花第一天，雌蕊成熟，花瓣与雄蕊像酒杯那样张开，杯底盛着"美酒"——柱头液，柱头就隐在这一汪"美酒"里；第二天，第三天，雄蕊成熟，花瓣舒展，花药开裂，而柱头液干枯，露出液底的海绵状柱头；第四天，花朵关闭，花梗卷曲，将花朵拖入水下结籽。

在一年中最美的这几天里，一朵睡莲每日间开合一次，有些是朝展暮合，有些则选择了暮展昼合——睡觉和起床很有规律，乃所谓睡莲、睡美人之名的来历吧。

睡莲开花的第一天，轮状着生的雌蕊即成熟。在雌蕊围成的杯状花心里，蓄满了大约 4~5 毫升的柱头液。这一汪透明如水的液体，可不是花蜜，更不是睡莲交给访花者的报酬，它是睡莲设计的一个对自己的传粉有利，而对小昆虫来说恐怖异常的小"水牢"。睡莲让"水牢"散发出小昆虫喜爱的气味，但它的口感却不敢恭维，不仅不甜，还有些苦涩，成分主要是糖、酚类化合物和氨基酸等。

受气味之邀，附近的小昆虫会赶来"赴宴"。它们或许刚在另一朵睡莲的雄蕊上就餐完毕，身上还带着那朵花的花粉。可眼下，这朵花既没有花蜜，花粉也没成熟，

　　但是明明闻到了非常撩人的"饭菜"香味啊，蜜、粉藏在哪里？小昆虫不甘心空着肚子飞走，于是在水牢上方和蜡质栅栏般的雄蕊间来回穿梭寻找，一不留神就失足掉进水牢里。

　　柱头液中还含有界面活性剂，会降低液体的表面张力，即使再小的昆虫掉进水牢也会沉入底部。小昆虫就这样一命呜呼了，它背上的花粉粒，随之沉入杯底，完成了与这朵花柱头的"相吻"。一旦授粉成功，柱头液立马消失。这就是为何在萎谢了的睡莲花内，常会发现昆虫尸体的原因。

　　也有科学家认为，柱头液可能与花粉的发育有关，花粉降落在柱头液里，可以吸取养分供花粉管发育；柱头液或许还会对外来的花粉进行筛选和控制，以确保后代的纯粹。

　　对于访花的小昆虫来说，还存在一种可能：一些赴宴的小吃货比较幸运，并没有滑入水牢，但却被朝开暮合的睡莲花朵关进了闭合的花瓣里。第二天早上，这朵花的雄蕊成熟了，大约90枚雄蕊上都挂满了好吃的花粉，活像是棒棒糖的森林。"蹲了一夜禁闭"的可怜"犯人"，苦尽甜来，迫不及待地开始在雄蕊间大肆吞咽。填饱肚皮后，身上也沾满了这朵花的花粉。

　　它从这朵睡莲花里心情不错地飞了出去，不久又闻到了一阵"诱人"的芳香，于

是，循着香味便飞进一朵刚刚开放的睡莲花里。它身上背负的花粉，在没成熟的雄蕊间徘徊时，被抖落进柱头液内，睡莲因此也实现了异花受粉……

当年，住在塞纳河畔吉维尼花园里的莫奈，如果知晓了睡莲的生存计谋，大画家笔下的系列《睡莲》，还会绽放出那么炫目的光彩吗？

我无法想象大画家的笔触，但睡莲的"阴谋诡计"一点儿也没影响我对它的好感，反而让我生出一丝崇敬：多么美丽睿智的花花！

【阅读练习】

1. 本文以"睡美人的'蛇蝎心肠'"为题，有什么好处？

2. 下面语句使用了哪种说明方法，有什么作用？

开花第一天，雌蕊成熟，花瓣与雄蕊像酒杯那样张开，杯底盛着"美酒"——柱头液，柱头就隐在这一汪"美酒"里。

3. 结合选文说说，常在萎谢了的睡莲花内发现昆虫尸体的原因是什么？

4. 选文采用的说明顺序是＿＿＿＿＿＿＿＿＿＿＿＿

"睡莲的诡计"指的是＿＿＿＿＿＿＿＿＿＿＿＿＿

5. 选文语言生动形象，富有表现力。请任举一句加以解析。

【参考答案】

1. （1）运用比喻的修辞手法，生动新颖，吸引读者眼球，激发读者的阅读兴趣；

（2）含蓄点明选文的说明对象。

【解析】此题考查分析说明文题目作用的能力。从内容和表达效果两个方面来概括作答。

2. 运用了打比方的说明方法，把"柱头液"比作"美酒"，生动形象地说明了柱头液的特点，给读者以鲜明的印象。

3. 开花第一天杯状花心里蓄满的柱头液，散发出昆虫喜爱的气味，昆虫被吸引失足掉入"水牢"，由于柱头液中含有界面活性剂，会降低液体的表面张力，昆虫就沉入底部被淹死。

【解析】此题考查理解选文内容的能力。结合第⑦～⑨段内容概括作答。

4. 逻辑顺序。用杯状花心里蓄满的柱头液引诱昆虫。

5. 示例：受气味之邀，附近的小昆虫会赶来"赴宴"。选句运用了拟人的修辞手法，生动形象地说明了柱头液散发的气味浓郁，对昆虫有着强烈的吸引力。

山姜花的嫁和娶

①一大早，山姜花的明艳和芬芳，唤醒了沉睡的木蜂。在木蜂嗡嗡嗡的合唱声中，山姜花精神抖擞，它们要进入这一季最激动人心的"合欢"了。四周，无数山姜花陆续掀开红色的"面纱"（花苞），纷纷把自己化装成木蜂眼里高雅迷人的"餐厅"。

②山姜花究竟经过怎样的培训与努力，最终把自己的柱头练就得如触手般灵活的？没有人能说得清楚。但这不妨碍我们可以观赏它那令人惊叹的小小智慧：山姜花的柱头懂得在自己的花粉洒落前，高高上举，而在花儿抖落净花粉后，屈身下垂，接受来自另一朵花儿的亲吻。这种在一天之内可以灵活自如、上下弯曲的运动，似乎已经越过了植物同动物区分的神秘分水岭！

③山姜花仰起美丽的笑脸，它的香味飘荡在空气里，黎明被它的甜香充溢，也指引着晨起觅食的木蜂，花香是花儿醒目的"广告牌"。<u>山姜花沿着高高的花葶，一圈圈长上去，远看，像一个色彩艳丽的圆锥</u>。在每一朵小花里，艳黄色相对巨大的唇瓣，恰到好处地为木蜂搭建了"停机坪"。花瓣上醒目的红色脉纹，仿佛在对木蜂说：沿着我所指的方向走，肯定能找到好吃的。

④一只木蜂飞来了，在唇瓣上安全着陆后，几乎不用休息，就开始沿红色的脉纹往里爬，将头伸进花朵的基部，开始了愉快的早餐。此时的山姜花也很满意，自己只要付出一点点花蜜，就可以让木蜂将自己的花粉，传递给另一朵山姜花的柱头，让它受孕，为种族振兴效力。

⑤在木蜂爬进去就餐时，山姜花会将花粉囊开裂，将花粉洒在木蜂的背上。而自己的柱头则高高举起，以规避植物界较为低级的自花授粉。

⑥一朵山姜花的花蜜显然不足以填饱木蜂的肚子，不久，木蜂退出，背着这朵花的花粉，遛了个弯后，又降落到另一朵山姜花上。这朵山姜花跟刚才的那位稍稍有些不同，它的柱头是弯曲下垂的。可想而知，当木蜂在这家小小"餐厅"再次进餐时，小餐厅的主人已经获得了期盼已久的"爱情"。

⑦整个早上，木蜂和它的小伙伴们都在花枝招展的山姜花间穿行，协助山姜花完成热热闹闹的"嫁和娶"。临近中午，木蜂们都各自回家去午休了，山姜花朵却不

会入眠，它的柱头要开始进行奇妙的换位。

⑧还记得晨起木蜂访问的那朵花儿吧？它把花粉送给了别人，自己的柱头高高昂起，它是怎么完婚的呢？

⑨从中午开始，这朵花里昂起的柱头，开始慢慢往下运动，最终垂到了花药的下面。此时，花药内已经空空如也，被上午来来往往的木蜂"背"走，干干净净。

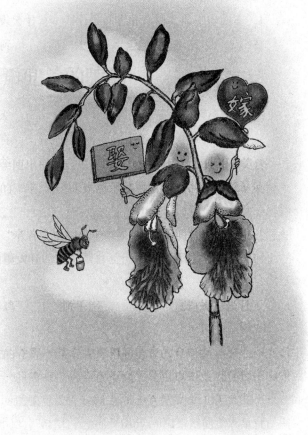

⑩与此相反，上午花朵里一些下垂的柱头，此时正慢慢向上运动，最后，柱头高高地翘出花药，好让花药的腹部将成熟的花粉洒在下午前来就餐的木蜂身上。花朵内柱头的这一互换过程，大约会持续3个小时。

⑪临近傍晚，经历了"午休"后的木蜂们又开始多了起来，忙着寻觅它们的晚餐，乐此不疲地重复着上午的忙碌。它们把山姜花交给的花粉，背到此时柱头垂下来的那朵花上，好让它们进入洞房——两种类型的花朵都获得了来自于"情人"的花粉，开始孕育新的生命。

⑫在山姜花一天的生命中，能够拥有生存的奇思妙想，能够与木蜂们愉快合作，它们的生命是精彩而圆满的。

⑬合作不仅是一种积极向上的心态，更是一种智慧。

人类也同样：别人因你而温暖，你也会因别人而心圆意满，得偿所愿。

听，山姜花和木蜂都是这么说的。

（《知识窗》2015年4期）

【阅读练习】

1. 下面句中加线词语的含义是什么？有什么表达效果？

在每一朵小花里，艳黄色相对巨大的唇瓣，恰到好处地为木蜂搭建了"停机坪"。

2. 下面句子中的加线词能否删掉，为什么？

花朵内柱头的这一互换过程，大约会持续3个小时。

3. 选文标题"山姜花的嫁和娶"的含义是什么？有什么表达效果？

4. 第③自然段画线句使用了什么说明方法，有什么作用？

5. 大自然是智慧的。请结合选文，完成下面的仿句。

大自然能给我们许多启示：成熟的稻穗低着头，那是在启示我们要谦虚；一群蚂蚁抬走骨头，那是在启示我们要齐心协力；＿＿＿＿＿＿＿＿＿＿，＿＿＿＿＿＿＿＿＿＿＿＿＿。

6. 《山姜花的嫁和娶》一文运用了哪一种记叙方法？请找出表明时间的词语或短语。

【参考答案】

1. 含义：指的是山姜花的唇瓣好像"停机坪"一样。作用：运用了比喻的修辞手法，把"唇瓣"比作"停机坪"，生动形象地说明了山姜花唇瓣的作用，体现了说明文语言的生动性。

2. 不能删掉。"大约"表示估计，如果删掉，就变成"花朵内柱头的这一互换过程，会持续3个小时"，说法太绝对，与实际不符。

3. 含义：指的是山姜花传粉受精的过程。作用：运用拟人的修辞手法，生动新颖，吸引读者注意，激发了读者的阅读兴趣。

4. 使用了打比方的说明方法。作用：把山姜花比作色彩艳丽的圆锥，生动形象地说明了山姜花的外形特点。

5. 山姜花和木蜂的邂逅，那是在启迪我们要相互成全。

6. 运用了时间顺序的记叙方法。通过"一大早""整个早上""临近中午""从中午开始""临近傍晚"等表明时间的标志性词语，描述了山姜花一天的生命历程。

植物的数学奇趣

　　人类很早就从植物中看到了数学特征：花瓣对称排列在花托边缘，整个花朵几乎完美无缺地呈现出辐射对称形状，叶子沿着植物茎秆交错叠起，有些植物的种子是圆的，有些是刺状，有些则是轻巧的伞状……

　　所有这一切，向我们展示了许多美丽的数学模式。

　　著名数学家笛卡尔，根据他所研究的一簇花瓣和叶形曲线特征，列出了 $x^3+y^3-3axy=0$ 的方程式，这就是现代数学中有名的"笛卡尔叶线"（或者叫"叶形线"），数学家还为它取了一个诗意的名字——茉莉花瓣曲线。

　　后来，科学家又发现，植物的花瓣、萼片、果实的数目以及其他方面的特征，都非常吻合于一个奇特的数列——著名的斐波那契数列：1，1，2，3，5，8，13，21，34，55，89，…

　　向日葵种子的排列方式，就是这种典型的数学模式。

　　仔细观察向日葵花盘，你会发现两组螺旋线，一组顺时针方向盘绕，另一组则逆时针方向盘绕，并且彼此镶嵌。虽然不同的向日葵品种中，种子顺时针方向和逆时针方向螺旋线的数量有所不同，但往往不会超出 34 和 55，55 和 89，或者 89 和 144 这三组数字，这每组数字就是斐波那契数列中相邻的两个数。前一个数字是顺时针盘绕的线数，后一个数字是逆时针盘绕的线数。

　　雏菊的花盘也有类似的数学模式，只不过数字略小一些；菠萝果实上的菱形鳞片，一行行排列起来，8 行向左倾斜，13 行向右倾斜；挪威云杉的球果在一个方向上有 3 行鳞片，在另一个方向上有 5 行鳞片；常见的落叶松是一种针叶树，其松果上的鳞片在两个方向上各排成 5 行和 8 行；美国松的松果鳞片则在两个方向上各排成 3 行和 5 行……

　　如果是遗传决定了花朵的花瓣数和松果的鳞片数，那么为什么斐波那契数列会与此如此的巧合？

　　这也是植物在大自然中长期适应和进化的结果。因为植物所显示的数学特征是植物在动态生长过程中必然会产生的结果，它受到数学规律的严格约束。换句话说，

植物离不开斐波那契数列，就像盐的晶体必然具有立方体的形状一样。

由于该数列中的数值越靠后越大，因此两个相邻的数字之商将越来越接近 0.618034 这个值，例如 34∶55＝0.6182，已经与之接近，这个比值的准确极限是"黄金数"。

数学中，还有一个称为黄金角的度数是 137.5°，这是圆的黄金分割张角，更精确的值应该是 137.50776°，与黄金数一样，黄金角同样受到植物的青睐。

车前草是西安地区常见的一种小草，它那轮生的叶片间的夹角正好是 137.5°，按照这一角度排列的叶片，能很好地镶嵌而又互不重叠；这是植物采光面积最大的排列方式，每片叶子都可以最大限度地获得阳光，从而有效地提高植物光合作用的

效率。

建筑师们参照车前草叶片排列的数学模型，设计出了新颖的螺旋式高楼，最佳的采光效果使得高楼的每个房间都很明亮。

1979 年，英国科学家沃格尔用大小相同的许多圆点代表向日葵花盘中的种子，根据斐波那契数列的规则，尽可能紧密地将这些圆点挤压在一起，他用计算机模拟向日葵的结果显示，若发散角小于 137.5°，那么花盘上就会出现间隙，且只能看到一组螺旋线；若发散角大于 137.5°，花盘上也会出现间隙，而此时又会看到另一组螺旋线；只有当发散角等于黄金角的度数 137.5°时，花盘上才呈现彼此紧密镶合的两组螺旋线。

所以，向日葵等植物在生长过程中，只有选择这种数学模式，花盘上种子的分布才最为有效，花盘也变得最坚固壮实，产生后代优良种子的几率也最高。

【阅读练习】

1. 本文主要介绍了植物的哪一种数学奇趣？（5分）

2. 植物的花瓣、萼片、果实的数目以及其他方面的特征，都非常吻合于一个奇特的数列——著名的斐波那契数列：1，1，2，3，5，8，13，21，34，55，89，…，请说说这个数列的奇特之处。（2分）

3. 为什么"植物离不开斐波那契数列"？（2分）

4. 总体评价：你喜欢本文吗？简要谈谈这类文章的特点。（2分）

【参考答案】

1. 本文主要介绍了存在于植物中的"斐波那契数列"现象。

2. 这个数列从第三项开始，每一项都是前面两项的和。如：3＝2+1，8＝5+3，89＝55+34 等等。

3. 若植物按照"斐波那契数列"排列种子，就能使所有种子具有差不多的大小却又疏密得当，不至于在圆心处挤了太多的种子而在圆周处却又稀稀拉拉。

4. 喜欢。这是一篇有关植物科学的说明文，注重知识性和趣味性，语言既生动有趣，又不失准确和严谨。

花柱草暴打"媒婆"

①在春天的田野上，花团锦簇，蜂飞蝶舞。植物们争相用艳丽的花朵吸引"媒人"，用香甜的花蜜招待"媒人"。作为回报，蜂蝶颠儿颠儿地帮植物传授花粉，促使雌雄花朵完婚。

②在这成千上万场看似喜气洋洋的嫁娶中，没有谁在意少数"媒婆"的郁郁寡欢——前后被两朵花扇了两巴掌，却始终不明所以。

③暴打"媒婆"的强势植物，叫花柱草。

④单看花柱草的外形，你怎么也不会把它和"强势"这个词关联起来。茎秆和花朵都很纤细，花朵甚至显出柔弱无依的样子。

⑤可就是这林黛玉似的花儿，却有着令人惊讶的"暴脾气"。一旦她感觉到昆虫落在自己的花瓣上，会以迅雷不及掩耳之势，抡圆了"胳膊"，给昆虫一个巴掌。

"人不可貌相"，看来也适用于一种植物。但挨揍的昆虫，却似乎不懂这个理。

在那些与昆虫以互惠互利为原则的花朵中，花柱草显然是个另类。

⑥花柱草是精明且有远见的。如果它像其他花儿那样制造出香味和花蜜，用食品来换取传播的话，无疑需要耗费体力和精力。聪明的花柱草让自己的 2 枚雄蕊和花柱长在一起（合蕊柱），从花中心伸出来，又向下弯曲成一个 U 形长长的"手臂"，"手掌上"沾满了花粉。这个装备的神奇之处在于，"手臂"能够像扳机那样快速出击，"出击"的最短时间可以达到 0.015 秒。正因为此，花柱草被人们列入扳机植物（Trigger plant）。更神奇的是，花柱草将前来觅食的昆虫设计为扳机的触动者，足见在花柱草与昆虫的"合作"中，花柱草是真真正正算计了昆虫。

⑦当一只昆虫刚刚落脚花瓣，花柱草即一巴掌扇过去，快速准确地将自己的花粉洒在了昆虫的背上。被这一巴掌打懵了的昆虫，受惊吓后会立即起飞，乖乖地带着花粉飞向另一朵花柱草。在这只倒霉的昆虫挨了另一巴掌后，花柱草完成了异花授粉。

可怜的昆虫，给花柱草做媒时，似乎只有受伤的份。

我一直很疑惑，花柱草最初到底经历了什么？又从哪里获得了灵感？竟然设计

出依靠欺负小昆虫这种不怎么地道的方式传宗接代？若站在事件中受伤害的一方，昆虫们为什么不长记性呢？昆虫之间就挨打这件事情不彼此交流吗？

⑧有人说，花柱草快速运动的原因，是由于昆虫的刺激，引起了花柱草膜电位的改变，使钾离子外流，最终造成运动细胞内膨压改变而引起的。那被昆虫刺激的植物多了，为什么只有花柱草运用了如此强悍的传粉方式？

⑨到目前为止，没有人告诉我答案。

但是，当我看见花柱草神奇地向昆虫"抡巴掌"时，我在心中还是禁不住为它喝彩。没法移动的弱小植物，也可以居高临下，让能跑会飞的动物为自己免费效力啊。

如果你错过了观看小昆虫被暴打的瞬间，可以用自己的手指模仿昆虫，去感受一下花柱草"抢巴掌"的力度。在你的手指被打那一刻，你肯定会和我一样感叹：这花柱草究竟是一种动物，还是一种植物？

⑩一般地，在花柱草"抢过巴掌"之后，"手掌"在接近花瓣处会停留几分钟；之后合蕊柱开始慢慢恢复，数小时至一天后恢复到原来的位置。恢复的时间越长，其积蓄的能量也会越大，下一次"出击"，就会更加强劲和迅速。

永远不要以貌取"人"，在这场昆虫与植物的博弈中，处于劣势的昆虫，没有好好总结过，我来替它们总结一下吧。

【阅读练习】

1. 根据文章内容，下列选项中哪一项理解有错误？（2分）

A. 从外形上看花柱草的茎秆和花朵都很纤细，花朵也显现出柔弱无依的样子，好似林妹妹。

B. 花柱草没有像其他花儿那样用食品来与昆虫换取传播花粉，是不想耗费过多体力和精力。

C. 昆虫在花上一落脚，花柱草一巴掌扇过去，将花粉拍撒在昆虫背上，就完成了异花授粉。

D. 昆虫的刺激引起花柱草膜电位改变，钾离子外流，造成运动细胞内膨压改变引起快速运动。

2. 请写出第⑥段中画线句子使用的两种说明方法，然后选择其中一种分析其表达效果。（3分）

3. 本文说明语言最大的特点是生动有趣，请从文中找出一例抄写下来并进行分析。（3分）

【参考答案】

1. D

2. 运用了拟人和比喻两种修辞手法。作者将花柱草的合蕊柱说成"手臂"，非常的形象生动，给花柱草增加了动感和活力。

3. 一旦她感觉到昆虫落在自己的花瓣上，会以迅雷不及掩耳之势，抡圆了"胳膊"，给昆虫一个巴掌。

分析：在这句话里，作者用了拟人的手法，活灵活现地表现出花柱草主动传粉的方式，很有动感和感染力。

花朵里的鸿门宴

在人类的眼里，植物世界是平静温顺的，仿佛所有的绿色生命，都习惯于默然顺从和逆来顺受。它们是我们眼中的弱势群体，一直处于"失语状态"。然而，当你熟悉了一种植物，你就会觉得自己的想法有多幼稚。

植物比我们早几百万年来到这个世界上，它们看星星，看月亮，经风霜，抗雨雪，对这个世界的认知，比人类要全面、深邃得多。在每一株看似静默的草木中，都隐藏着人类几乎无法察觉的智慧、心思、欲望乃至诱惑……

水桶兰，就是一种让人快要惊掉下巴的智慧植物。

水桶兰的唇瓣，既像水桶，又像婴儿摇床，它的智慧是从花瓣打开的那一刻显现的。随着花瓣的舒展，从花中心腺体部位流出的"花蜜"，渐渐汇集到水桶状的唇瓣里。

这"花蜜"，从气味到形状，都像是我们食用的香油。花蜜的味道，在花瓣张开的过程中，逐渐散发在水桶兰周围的空气里。将四周的植物邻居、小昆虫和水域，全都笼罩在里面，很是霸道。

甚至，连八公里之外的雄性尤格森蜜蜂，也被吸引过来了。

在"醒目"路标的指引下，雄性尤格森蜜蜂会火速赶来。这些蜜蜂来这里并不是为了采蜜，而是为了早一点进入"爱情"。为了吸引异性，雄性尤格森蜜蜂懂得采集"催情剂"——水桶兰花朵分泌出的蜜汁。呵呵，小昆虫这么早就会使用"催情剂"了啊。

赶过来的尤格森蜜蜂，先停落在"水桶"边缘，开始用前腿伸入桶内蘸上蜜汁，一点又一点仔细地涂抹到身体的其他部位，为自己做一个蜜汁 SPA。可水桶边缘太滑了，一不小心，蜜蜂就滑入到水桶兰的蜜汁里。

蜜蜂终于"上钩"啦，这才是水桶兰不吝制造如此浓香蜜汁的真正意图！

身陷蜜池的蜜蜂在里面拼命折腾，但水桶的倾斜度和黏滑的墙壁，都令蜜蜂难以逃脱。这种茫然而绝望的挣扎，眼看着就要以蜜蜂的精疲力竭而画上句号。

到这个时候，水桶兰觉得时机已经成熟，这才"协助"蜜蜂踏上"逃亡之旅"

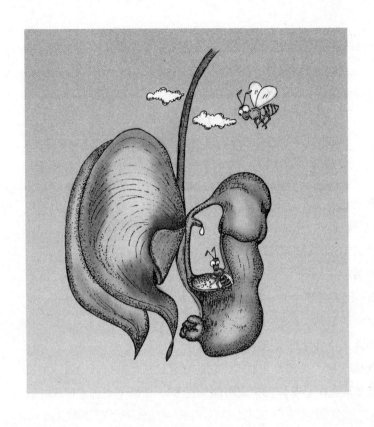

——给它提供唯一的一条活路，水桶的一侧有一个通向花粉管的喷嘴状开口，这开口也是为蜜蜂量身定做的！

慌不择路的蜜蜂，一旦进入花粉管，花粉管就会像弹簧那样不断紧缩，阻碍蜜蜂的快速逃离。花粉管的终端是水桶兰的花粉囊，雄蕊就藏在里面。当蜜蜂被困在花粉管内挣扎的大约10分钟的时间里，水桶兰可以从容地分泌出一种胶水，将花粉牢牢地粘在蜜蜂的背上！

大约10分钟后，背着花粉的蜜蜂终于爬了出来。待蜜蜂晾干翅膀，它又可以重新飞翔时，蜜蜂似乎已经忘记了自己刚刚经历的垂死挣扎。它又会在另一朵水桶兰蜜汁的引诱下，再次跌进另一"桶"花蜜里，重复"演出"滑入、挣扎、小孔逃生等一系列水桶兰设计的"动作剧"。

不同的是，这朵花会用花粉管顶端的一种特殊"设备"，获取蜜蜂背上携带的花粉，将它完整"搬运"到雌蕊柱头上——至此，水桶兰圆满完成了异花授粉。

传粉完成后，水桶兰把绚丽的花瓣，紧缩成一块皱皱巴巴类似于抹布的黄色组织，关门大吉。此时，雄性尤格森蜜蜂，在经历了两次全身"催情剂"SPA后，颠儿颠儿地约会"情人"去了……

年复一年，水桶兰在属于自己的小小水桶里，对尤格森蜜蜂开设"鸿门宴"，演绎着这个有惊无险而结局美好的生存策略，传宗接代。

虽然，水桶兰在最后关头"救助"蜜蜂带有某种功利性，但如果尤格森蜜蜂无欲无求，也就不会被水桶兰一步步牵着鼻子走了，还是蜜蜂不懂得"无欲则刚"的道理嘛。

然而，大千世界谁又能真正做到无欲无求呢？自然界这种奇妙而滑稽的互助协作关系，能够代代传承，或许还有我们未解的秘密。所以，如果在被人利用、成人之美的同时，还能惠及自身，也算是一种双赢吧。

水桶兰，尤格森蜜蜂，我说得可对？

或者，这两位都懂得爱默生的名言："此生最美妙的一种报偿，就是凡真心帮助他人的人，没有不帮助自己的。"

【阅读练习】

1. 文中说水桶兰是"一种让人快要惊掉下巴的智慧植物"，具体表现在哪里？请分点概括。

2. 下列句子中加线的词语能否删去？为什么？

①花蜜的味道，在花瓣张开的过程中，逐渐散发在水桶兰周围的空气里。

②当蜜蜂被困在花粉管内挣扎的大约10分钟的时间里，水桶兰可以从容地分泌出一种胶水，将花粉牢牢地粘在蜜蜂的背上！

3. 文中出现的"爱情""上钩""逃亡之旅""动作剧""鸿门宴"这些文字，具有怎样的表达作用？

4. 从花朵里的"鸿门宴"中，你获得了怎样的人生启示？

【参考答案】

1. ①水桶兰分泌花蜜，吸引尤格森蜜蜂；②利用倾斜的水桶和黏滑的桶壁，让蜜蜂滑入桶中；③在蜜蜂精疲力竭时，"协助"它从花粉管逃生；④不断紧缩花粉管，分泌胶水，从而将花粉粘在蜜蜂背上。

2. ①不能删去，"逐渐"表示行为动作或状态慢慢地变化，准确地说明了水桶兰花蜜的味道散发到周围的空气里有个渐变的过程。

②不能删去，"大约"表示估计，准确地说明了蜜蜂被困在花粉管内挣扎的时间，体现了说明文语言的准确性。

3. 运用比喻（打比方）和拟人的修辞手法，生动地说明了水桶兰是一种让人快要惊掉下巴的智慧植物。

4. 有欲望的时候就容易被诱惑，掉入陷阱，要懂得"无欲则刚"的道理；人与人相互依存，互助协作，在被人利用、成人之美的同时，还能惠及自身，也算是一种双赢。

火龙果的生存技能

生在北方，长在北方，北方水果的长相和味道，已渗进了我的血液。

①十多年前，当我第一次在超市水果区看见火龙果那怪异的长相时，还是吃了一惊的。不禁在心里暗暗描摹它妈妈的长相，该是高高大大的热带雨林植物吧。

②第一次在香港见到火龙果树时，又吃了一惊——火焰般炫目的火龙果，竟然长在霸王鞭上！大概是火龙果孩子们太大太重了，妈妈们那三棱或四棱的躯体全都耷拉下来，趴在简易的木架子上，一副不堪重负的样子。只有艳红或青绿的火龙果，霸气地从绿茎中探出头来，注目我的惊讶。

③微甜爽口的火龙果，竟然是仙人掌科植物霸王鞭的水果！这浑身长刺的家伙，竟然可以结出人人爱吃的水果！置身于火龙果妈妈的身边，我依然无法掩饰自己的少见多怪。呵呵，回想起来，仙人掌科植物所结的果实，我第一个吃到的，就是火龙果。如果不是亲眼所见，我怎么也不会想象到这两者竟然为母子关系。

④北方人或许对霸王鞭也不怎么熟悉，但对一般"蜗居"在书桌上或电脑旁的仙人球都熟悉吧，一些人或许还莳养过几回。嫁接仙人球的砧木，就是霸王鞭——嫩生生、胖乎乎的绿茎上，有三四条突起的棱角，棱角上遍布着坚硬的刺，如同传说中"霸王"手里挥舞的鞭子。

⑤老家在巴西、墨西哥等中美洲热带沙漠地区的火龙果，在经历了高温、干旱、多风的磨砺后，逐渐练就了一身绝妙的生存技能。

霸王鞭所做的第一步，是将浑身上下的叶子变身成坚硬的刺，一来可以减少水分蒸腾；二来能够抵挡沙漠动物们饥渴的嘴巴。

⑥接下来，霸王鞭将自己的根系长度变短，而让其伸缩范围变广，目的是在下雨的时候，收集更多的雨水。不仅如此，它还努力长出气生根，以吸收空气中更多的水分。靠着这些游龙般的气生根，霸王鞭可以轻松爬上岩石、沙堆以及任何超过它们身高的物体，竭力收集阳光，汲取这些攀附物体上的营养，然后贮藏在自己厚厚的肉茎里。

⑦遇上干旱的时候，这些存货就派上了用场。

⑧沙漠里，白天气温实在是太高了，对于霸王鞭来说，选择白天开花的话，高温灼伤的，不仅仅是娇嫩的花朵，还包括传宗接代之伟业。那就夜晚开花吧，霸王鞭是这么想的，也是这么做的——从晚上7点开始，看似笨拙的霸王花苞徐徐打开，如玉如冰琢出的花瓣，一点点绽放。花朵很像昙花，是多层喇叭状，花蕊娇黄，花瓣洁白，花香雅致。只可惜，一朵花的美丽，只能维持一夜，天亮时便默默凋谢萎蔫。

⑨接下来，该火龙果baby出场了，刚刚爬上枝头的火龙果 baby，是青绿色的，隐在无数绿茎的中间，并不起眼。随着果实的长大，红色逐渐增多，当整个果实变成艳丽的玫红色时，这是火龙果对沙漠动物们宣告："点心出笼了，快来享用吧！"它要用这些点心来换取传播。

⑩火龙果悉心的设计，体现在果实的每一部分："点心"的外表看似有鳞片，其实是光滑的，不像长满刺的肉茎，让动物无从下口；将黑色细芝麻粒般的种子，散布在浆状（胨状）果肉里，丝毫不影响"点心"的味道和口感。即使部分种子被动物的牙齿磨碎了，火龙果也在所不惜，它打的是数量牌，每个果实内含有数千乃至上万粒种子，前赴后继。

不仅如此，火龙果还让种子具备了"穿越"功夫，能够在动物的肠胃内走一圈，而不会被消化。

于是，用火龙果填饱肚皮的动物，打着饱嗝转悠到其他地方便便时，就替火龙果远距离播了种，还顺带施了肥料……如此这般，火龙果代代相传。

⑪当然，现在想要见到这智慧的火龙果树，不必跑到原产地中美洲，甚至也不

用去香港，我国南方乃至内地，都可以看到缀满火龙果的植株。

不同的是，在原产地火龙果靠蛾子和蝙蝠传粉，而在内地必须要仰仗辛勤的果农。

每到霸王花盛开的夜晚，果农们的身影，如蝙蝠般穿梭在果园里，为火龙果进行人工授粉。如果人们怕麻烦，将这项工作交给一堆蜜蜂去完成的话，火龙果的大小差异会很大，产量也会很低。

⑫瞧，火龙果依靠自己的聪明才智，不仅调动了沙漠动物的积极性，人类也逐渐成为它传播大军中的一员。

【赏　析】

文章先用作者的两次"吃惊"引出本文的说明对象，生动优美的语言，拟人修辞的运用，牢牢地吸引住了读者的眼球。然后作者向我们逐一介绍了火龙果"绝妙的生存技能"，层次分明，条理清晰。其貌不扬的火龙果树能够结出人人爱吃的火龙果，原来竟也花费了不少心思，付出了大量的努力。

【阅读练习】

1. 第③段画线句中的"竟然"一词有什么表达效果？

　　这浑身长满刺的家伙，<u>竟然</u>可以结出人人爱吃的水果！

2. 第⑤段中说的"绝妙的生存技能"有哪些？

3. 第⑩段中的"穿越"一词的具体含义是什么？

4. 第⑩段画线的句子有什么作用？

【参考答案】

1. "竟然"一词表现了"外貌丑陋的霸王鞭结出人人爱吃的水果"实在是出乎作者的意料之外，表达了作者的惊奇和不可思议的心情。

2. 将浑身上下的叶子变身成坚硬的刺；将自己的根系长度变短，让其伸缩范围变广；还努力长出气生根；夜晚开花。

3. 火龙果的种子能够在动物的肠胃内走一圈，而不被消化。

4. 生动形象地表现了动物传播火龙种子的整个过程。

山茱萸贺春

①春天一溜小跑，跃上一棵棵树，给枯瘦了一冬的枝条，涂抹出瑰丽的生机。料峭寒风中，春天用画笔蘸上颜料开始描摹，出人意料的是，这颜料不是嫩绿，而是金黄。看，蜡梅、迎春、连翘、金钟各自先开花后长叶，用金灿灿的花朵，告诉人们：早春，黄艳艳地来了。

②在黄花姐妹里，山茱萸算不上漂亮，但娇俏别致。它的美，似乎只可意会，不可言传，给人一种淡淡的感觉。

③山茱萸的黄，从一座山蔓延到另一座山，从一条峪铺展到另一条峪，整座秦岭，是一幅由小黄花和灰褐树枝皴染的水墨画。（A）

④（B）走近一株山茱萸，在花前站定，我开始与一朵花儿对视。我喜欢近距离寻味花朵，欣赏它们用开花表达陶醉，用香气展露心思。

⑤二三十朵小黄花，从一个点飞溅出来，每一朵花都尽力向上向外伸展。长长的花蕊，兴致盎然地端坐在外翻的四枚花瓣中间，或安静沉思，或浅吟低唱。小小的花茎高低错落，合力伸展成半个圆球，像节日天空里绽放的烟花。和"烟花"一起绽开的，是花朵清幽的香，这香味也秀气，丝丝缕缕的，与花朵很配。

⑥山茱萸花密密匝匝地汹涌在还没长叶的枝头，像是正在为早春举行一场豪华派对。一阵暖风，便引燃朵朵"烟花"。在每一朵花里，在吹过它们的风里，是看不尽的春和景明。

⑦远观一棵棵山茱萸树，那感觉却不是璀璨，而是无边的宁静。山茱萸花朵细小，它的金黄被空气稀释，宛若黄纱，漂浮在林子上空。一团团"黄纱"氤氲在黛色的山腰上，柔和静美如水墨画。（C）

⑧（D）在靠山吃山的庄户人眼里，千林万坡上这一枝枝、一簇簇黄花，不是用来观赏的，它们是庄户人的一季庄稼，一年的收成，是粮仓和钱袋。就像关中人眼里金黄的麦穗和黄澄澄的玉米一样。

⑨这一树树金黄，是山茱萸在贺春，也是贺自己早早从冬眠中醒来吧。从此，奔着这一年的希望，开始你追我赶地生长。风雨轮番，冷暖更迭，山茱萸悄悄把喜庆

的金黄收敛，再把出落成珍珠般的小果子由青染黄，继而染红，时令到了秋天，山茱萸的花海，已变成红艳艳、亮晶晶的果海，漫山红遍。

⑩山茱萸的红果，庄户人叫它药枣，是一味平补阴阳的药物。熬粥时，加一把萸肉，便可改善中年人的眩晕、耳鸣和腰膝酸痛。看来这山茱萸的果实，不仅润泽庄户人的生活，还滋补他们的身体。有了山茱萸花的金黄，果的绯红，庄户人平淡的日子，便有了色彩，有了憧憬。

⑪脚踩青山，头顶白云，山茱萸含露的花朵，也含住了春光。想必这欣然绽放的山茱萸树是心满意足的，它用花果使人类帮自己立足，在肥沃的平地和一面面山坡上扎下根来；用果实滋补健体的功效，鼓励人类开荒种植，帮自己拓地扩疆。人与植物相处，一不小心，也会被植物利用呢。其实，人与植物，在好多时候，是可以各得其所、各取所需的。正因如此，山茱萸才会在愉悦的光芒中，竭力开花结果，并竭力把这种愉悦传递——蜜蜂嘤嗡在花朵上空，庄户人采摘山茱萸红果时，内心溢满着蜜……

（选自《人民日报》2018 年 2 月 10 日，有删改）

【文章解构】

全文线索	山茱萸
文章段落 层次划分	第一部分（第①段）：春回大地，百花齐放； 第二部分（第②～⑦段）：从颜色、香气、形态等方面写山茱萸的花； 第三部分（第⑧～⑩段）：写山茱萸果实的颜色、形态和功效； 第四部分（第⑪段）：赞颂山茱萸，揭示了人与自然和谐相处的主旨。
主要内容	通过对山茱萸树花和果实的描写，说明山茱萸能给人带来精神上的美好享受，以及身体、生活上的好处，揭示了人应当善待自然万物，和谐共处。
植物形象	山茱萸朴实素雅，功效神奇，能给人带来美好的生活。
主题总结	自然万物给人们带来美好和幸福，人们要与它们和谐相处。

【阅读练习】

5. 阅读全文，完成下列表格。（6分）

山茱萸花		山茱萸果	
颜色	①	颜色	②
形态	③（　）而细小	形态	④
香气	⑤	⑥	滋补身体

6. 本文写的是山茱萸，为什么在开头先写"蜡梅、迎春、连翘、金钟"等花呢？（3分）

7. 第②段在文章内容和结构上有什么作用？（3分）

8. "说是一幅水墨画，其实有点偏颇，我不过是站在一个游客的角度来度量和抒情。"这句话应该放在文中（　　　　　　）处比较合适。（3分）

9. 按要求赏析句子和词语。（6分）

（1）长长的花蕊，兴致盎然地端坐在外翻的四枚花瓣中间，或安静沉思，或浅吟低唱。（从修辞的角度）

（2）一团团"黄纱"氤氲在黛色的山腰上，柔和静美如水墨画。（品析加点词语的表达效果）

10. 结合文章，谈谈你对第⑪段中，"人与植物，在好多时候，是可以各得其所、各取所需的"这句话的理解。（4分）

11. 结合文章，谈谈你对题目"山茱萸贺春"的理解。（4分）

【参考答案】

5. ①金黄；②绯红（或"红艳艳"）；③密密匝匝；④珍珠般的小果子；
　　⑤清幽秀气；⑥功效（或"作用"）

相关解析：本题考查对阅读内容的理解与概括（提取关键信息）。在答题时，首先要找到写花、果的段落和句子，再根据表格提示，找到相应的词语。文中多次写到山茱萸的花色是黄色，果是红色，而第⑩段中的"有了山茱萸花的金黄，果的绯红"，则更准确地写出花、果之色。形态方面，由花的"细小"找到相邻的段落中"密密匝匝"；由"再把出落成珍珠般的小果子由青染黄"可以发现果的特点。容易出错的是第⑥空，这里实际是对"滋补身体"的概括，即功效（作用），注意不要受"香气"的误导。

6. 写这些花儿的开放，渲染了热烈的气氛，引出了下文对山茱萸的描写，衬托了山茱萸的与众不同。

相关解析：本题考查写作技巧（环境描写）和表现手法（铺垫、衬托）。蜡梅等花"金灿灿""黄艳艳"，给人生机勃勃、旺盛热烈之感，渲染了热烈的气氛；写这些花只是铺垫，作者的意图是由这些花谈到山茱萸，通过山茱萸与蜡梅等花的对比，表现山茱萸的特点。

7. 在结构上，起承上启下的过渡作用；在内容上，将山茱萸同上文所说的几种花儿作比较，又引出下文对山茱萸"淡淡的感觉"的描写。

相关解析：本题考查的是句段作用。句段的作用一般应从结构和内容上分析。结构上，要看本段和其他段的关系，主要包括：开头，总起全文；中间，承上启下；结尾，总结全文等。内容上，要分析本段写了什么，对文章的思想感情的作用，与前后段内容的传承等，要根据具体情况分析。本题中，第②段位置比较靠前，但它的内容比较单一，不能概括全文，"在黄花姐妹里"照应上文的蜡梅等花朵，下文③～⑦段则是写"淡淡的感觉"，因此是承上启下的过渡作用。

8. D

相关解析：本题考查的是句子还原。还原句子要注意分析句子的内容及其与上下句的关系。一般来说，要还原的句子与衔接的句子有联系点，本句中的"水墨画"即是联系点，备选位置的前一句也都有"水墨画"这个词。从句子内容看，作者讲的是自己作为游客对山茱萸的感受，"有点偏颇"意味着还要讲其他人的感受。这个句子是一个承上启下的句子，通常应该放在一段的开头，所以排除A和C，比较B和D。B句后面的内容写的是欣赏山茱萸的美，D句后面写的是农民眼中的山茱萸，显然放在D处更为合适。

9.（1）这句话运用了拟人的修辞手法（1分），"兴致盎然""端坐""安静沉思""浅吟低唱"等赋予山茱萸花人的情态，表达了作者对山茱萸的喜爱之情（2分）。

（2）"氤氲"形容云烟或云气浓郁（1分），在这里生动形象地表现了山茱萸花的繁密和美好（2分）。

相关解析：本题考查的是句子赏析和体会词语的表达作用。句子的赏析一般应先判断所用的修辞手法，再分析这种修辞手法在句子中的具体体现（比喻句指出本体和喻体，拟人句指出带有拟人意味的词语），然后说说修辞的效果（生动形象地表现了……特点，表达了……情感等）。如果有多种修辞手法，可以不一一分析修辞手法，而要把修辞的效果写清楚。体会词语的表达效果应先明确词语的意思，再联系句子说说这样写的好处。"氤氲"形容云烟或云气浓郁，这里形容山茱萸花的繁密，同时烟云给人以美好的想象，用在这里可以生动地表现山茱萸的美好。

10. 人们观赏山茱萸花，获得精神享受；食用山茱萸果肉，可以强身健体；农户种植山茱萸，可以增加收入。（2分）山茱萸通过奉献自己的花和果，能够存活成长，拓地扩疆。（2分）

相关解析：本题考查的是句子含义。理解句子含义，一般要解释句子为什么这样说，或者用浅显的语言把句子表达的意思说出来（尤其是采用修辞手法或者用了词语的引申义、比喻义时）。从本句来看，关键词是"各得其所、各取所需"，要说明人需要什么，得到了什么；山茱萸需要什么，得到了什么。从上文看，人观赏山茱萸，食用山茱萸，用山茱萸增加收入，所需要的是精神享受、身体健康、生活富足，都能通过种植山茱萸得到；山茱萸需要扩张地盘，生生不息，也得到了农民的认可，并广泛种植。

11. 从字面意思看，山茱萸开出美丽的花朵，散发清幽的香气迎接春天；从深层含义说，山茱萸在春天里焕发出勃勃生机，要把美好的果实留给人类。

相关解析：本题考查的是对标题的理解。理解标题的含义，一方面要理解表层含义，可以直接解释标题的字面意思；另一方面要理解深层含义，结合文章的主旨、主要内容进行深入探讨。本文前半部分着力描写山茱萸的外在美，用美好的花朵、香气迎接春天；后半部分揭示山茱萸的内在美，讲它的作用、贡献等，从这个角度去理解标题的深层含义。

跋

印象祁云枝，寄语阅草木

李亚利

祁云枝，一个凡尘落素、情趣文雅、诗意婉约的才女，她不仅是一位植物科学研究专家，在科学世界里潜心钻研；她又是一位优秀美文科普作家，在文学领域里笔耕不断；她还是一位妙笔生辉的漫画家，在漫画园地里独树一帜；同时，她还是一位多家知名报刊特邀专栏作家，她的植物科普散文，是科学与文学艺术跨界结晶的优秀文本，十多篇文章被设计为高考、中考语文考试阅读题；著有多部植物科学散文集，科普文学著作《趣味植物王国》《与植物零距离》和《漫画植物的智慧：草木生存策略大观》入选国家新闻出版署当年"向青少年推荐的100种优秀图书"，《漫画生态"疯情"》荣获2011年第五届北京市优秀科普图书奖，《植物让人如此动情——枝言草语》荣获国家科技部"2015全国优秀科普作品"，《漫画聪慧的植物——植物智慧》荣获国家科技部"2016全国优秀科普作品"，《漫画植物的智慧：草木生存策略大观》荣获国家科技部"2018全国优秀科普作品"，《我的植物闺蜜》荣获"2018年冰心儿童文学新作奖"，《黄土之魂轩辕柏》荣获第四届徐霞客游记文学奖。

祁云枝相继原创推出了"生态'疯情'"漫画展、"植物哲学"漫画展和"植物智慧"漫画展三组植物科普漫画展，以一种更加直观的方式普及科学知识，大大拓宽了科学受众。

《中国科学报》记者王庆在专访"藏在科普作者中的艺术家"中说，祁云枝，她创作的植物漫画，以精巧、幽默的单幅漫画为主，辅以简单的文字说明。她站在动物和植物的角度，展示生存环境造就动植物所承受的巨大压力，体味它们的

聪明才智，以及周围环境恶化后，动植物所表现出的应对情绪和举动——新奇、幽默、心酸、滑稽……

在这些漫画作品中，祁云枝有对人类乱砍滥伐、强吃通占的抨击，也有生态危机中对动物和植物的同情，还有对丑陋的剖析，对未来的希冀，让人们在轻松的笑声中增长知识，在耐人寻味的构思中自我反省。

在国际植物园保护联盟（BGCI）、陕西省科技厅、中国科学院科学家科普团西安分团和陕西省西安植物园的共同推动下，截至2018年底，这些漫画展已在北京、上海、石家庄、厦门、郑州、南宁、合肥、深圳、东莞、昆明、南京、无锡、徐州、成都、海南、兴隆、兰州、太原、临汾、内蒙古等地，共27个省、市、自治区的60余家单位进行了展出，广大市民、植物爱好者和中小学生等50多万人次观看了展览。

2018年9月中旬至11月中旬，秦岭国家植物园组织了"保护秦岭北麓生态动植物科普进校园"宣讲活动，祁云枝的"植物智慧漫画展"跟随该宣讲团，共走访了陕西省西安市64所中小学，足迹覆盖全市各区县，受教学子达4万余人。

作为中科院老科学家科普团演讲团西安分团特聘的巡讲团员、副团长，自2014年5月至今，祁云枝组织并参加了科普分团在西北五省区以及云南省保山市施甸县的县、乡、镇等地举办的科普讲座和科普报告110余场次，受众60多万学生，赠阅漫画挂图、图书近3000套（册），以实际行动，学透用活做实践行十九大报告精神，助力科技创新驱动发展的战略，将研究成果，以另一种行式书写发表于大地上。

祁云枝的植物科学散文集《低眉俯首阅草木》，是一部科学与文学艺术跨界结晶的优秀文本。

作者选取身边近百种植物作为描述对象，运用幽默、诙谐、奇妙、风趣、灵动、凝练的笔墨，揭开植物世界神秘的面纱，赋予植物美丽迷人的风情，且能从中挖掘出植物的哲学内涵，让植物拥有人性美和哲学美，融入了植物的科普知识，知、情、意、行四者兼备，视角独特，语言诗意优美。可谓是：

低眉潜心细观察，
科学研究草木花。
俯首笔耕绘漫画，
绿植代言意属她。
科普美文云枝著，
智慧漫画绘植物。
一笔一画览妙趣，
一字一文阅草木。

李亚利，西安出版社编辑，"青蓝绿梦"书系策划编辑，《低眉俯首阅草木》责任编辑。

2019.01.12

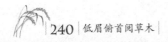